从新手到高手

剪映专业版

从新手到高手

高雪 崔志超 孙睿智 / 编著

清华大学出版社

北京

内 容 简 介

本书基于剪映专业版软件编写而成，精选了抖音、快手上的热门案例，如卡点效果、合成效果、热门转场效果以及商业实战案例等。

全书共分 10 章，第 1～5 章为软件基础篇，详细介绍了剪映专业版软件的基本操作，包括素材剪辑、音频处理、字幕效果、调色效果、画面合成等内容。第 6～10 章为案例实战篇，结合前 5 章学习的知识点，讲解了特效视频、卡点视频、Vlog 视频、宣传广告类视频的制作方法。本书内容全面、条理清晰，讲解通俗易懂。全书采用"案例式"教学方法，可以帮助读者轻松、快速地掌握短视频制作的完整流程与技巧。

另外，本书提供了操作案例的素材文件和效果文件，同时有专业讲师以视频的形式讲解相关内容，方便读者边学习边消化，成倍提高学习效率。

本书适合广大短视频爱好者、自媒体运营人员，以及想要寻求突破的新媒体平台工作人员、短视频电商营销与运营的个体、企业等学习和使用，也可以作为相关院校的教材和参考用书。

图书在版编目(CIP)数据

剪映专业版从新手到高手 / 高雪，崔志超，孙睿智编著 .—北京：清华大学出版社，2023.1（2024.9重印）
（从新手到高手）
ISBN 978-7-302-62503-2

Ⅰ.①剪… Ⅱ.①高…②崔…③孙… Ⅲ.①视频编辑软件 Ⅳ.① TP317.53

中国国家版本馆 CIP 数据核字 (2023) 第 016682 号

责任编辑： 陈绿春
封面设计： 潘国文
版式设计： 方加青
责任校对： 徐俊伟
责任印制： 刘海龙

出版发行： 清华大学出版社
　　　　　　网　　　址：https://www.tup.com.cn, https://www.wqxuetang.com
　　　　　　地　　　址：北京清华大学学研大厦 A 座　　　　邮　　　编：100084
　　　　　　社 总 机：010-83470000　　　　　　　　邮　　　购：010-62786544
　　　　　　投稿与读者服务：010-62776969，c-service@tup.tsinghua.edu.cn
　　　　　　质 量 反 馈：010-62772015，zhiliang@tup.tsinghua.edu.cn
印 装 者： 三河市人民印务有限公司
经　　　销： 全国新华书店
开　　　本： 188mm×260mm　　　**印　　张：** 13　　　**字　　数：** 421 千字
版　　　次： 2023 年 3 月第 1 版　　　**印　　次：** 2024 年 9 月第 4 次印刷
定　　　价： 79.00 元

产品编号：093785-01

前言 PREFACE

影视剧、综艺节目等在电视台播放的节目都需要进行大量的剪辑才能正式上映，而这部分剪辑工作，需要经过一定的专业培训，并掌握Premiere、Final Cut Pro等专业视频后期软件才能胜任。

随着"短视频行业"的迅速发展，一些看上去"不那么专业"的视频也能获得几百万，甚至上千万的浏览次数。这些视频，相当一部分是通过简单易上手的视频后期APP剪辑完成的，其中，"剪映"就是很多短视频内容创作者的选择。

为了满足创作者们的创作需求，抖音官方在推出了轻便的移动端短视频编辑APP——剪映后，又于2021年推出了电脑端视频剪辑软件——剪映专业版。

与移动端APP相比，剪映专业版拥有更加清晰的操作界面和更加强大的面板功能，可以适应后期剪辑任务的更多场景，满足用户的各类剪辑需求。与此同时，剪映专业版也延续了移动端全能易用的操作风格，能够适用于各种专业的剪辑场景。

本书特色

72个实战案例让读者从新手变为高手。本书没有过多的枯燥理论，全书采用"案例式"教学方法，通过72个实用性强的实战案例，为读者讲解视频剪辑的干货性技巧，步骤详细，简单易懂，帮助读者从新手快速成为视频后期高手。

87个技巧帮读者全面掌握剪辑技术。书中介绍的87个技巧包括了目前流行的多种短视频类型的制作方法，如转场、字幕、字效、合成、音效、分身、卡点、特效等知识点，全面覆盖剪映专业版的各项剪辑功能。

内容框架

本书基于2021年全新问世的视频编辑处理软件——剪映专业版（Windows版本）编写而成，由于官方软件升级更新较为频繁，版本之间部分功能和内置素材会有些许差异，建议读者灵活对照自身使用的版本进行变通学习。

本书对视频素材剪辑、音频处理、视频特效应用等内容进行了详细讲解，全书共分10章，具体内容介绍如下。

第1章 快速入门：介绍了剪映专业版的下载与安装、工作界面以及基础功能的应用等。

第2章 音频剪辑：主要讲解了在剪映专业版中进行音频处理的各类操作及技巧，包括音乐素材库的应用、音频的分离、变速、淡入淡出等操作。

第3章 添加字幕：介绍了在视频中添加字幕的方法，以及创意字幕效果的制作方式，如文字消散效果、片头镂空文字等。

第4章 调色效果：介绍了常用的视频调色技巧，以及滤镜的使用。

第5章 合成效果：主要讲解智能抠像、色度抠图等合成功能的使用。

第6章　转场效果：介绍了剪映转场效果的应用，以及抖音热门转场效果的制作方法。

第7章　特效功能：介绍了在剪映专业版中为剪辑项目添加视频特效的具体操作。

第8章　卡点视频：介绍了各种卡点类视频的制作方法，如蒙版卡点、拍照卡点等。

第9章　Vlog视频：介绍了各类题材Vlog视频的制作方法。

第10章　广告宣传：结合前几章学习的内容进行汇总，挑战商业项目实战案例，包括淘宝店铺宣传广告、促销活动、公益宣传视频等。

本书作者

本书由上海海洋大学高雪，河南菱智装饰工程有限公司崔志超，河南省开封市尉氏县烟草局孙睿智编著，由于作者水平有限，书中错误、疏漏之处在所难免。在感谢您选择本书的同时，也希望您能够把对本书的意见和建议告诉我们。

配套资源及技术支持

本书的配套素材及视频教学文件请扫描下面的二维码进行下载，如果有技术性问题，请扫描下面的技术支持二维码，联系相关人员进行解决。如果在配套资源下载过程中碰到问题，请联系陈老师，联系邮箱：chenlch@tup.tsinghua.edu.cn。

配套素材

视频教学

技术支持

编者
2023年1月

CONTENTS 目录

软件基础篇

第1章 快速入门：新手必学的基本操作

1.1 初识剪映专业版：简单好用的剪辑神器 ……… 1
 1.1.1 剪映专业版的诞生 ……………………… 1
 1.1.2 剪映APP与剪映专业版的区别 ………… 1
 1.1.3 下载和安装剪映专业版 ………………… 2
1.2 功能详解：剪映专业版的工作界面 ………… 3
 1.2.1 首页功能：创建与管理剪辑项目 ……… 3
 1.2.2 编辑界面：界面功能与快捷键 ………… 5
 1.2.3 剪映云盘：实现多设备同步编辑 ……… 9
1.3 素材处理：细枝末节打好基础 …………… 10
 1.3.1 素材导入：添加本地或剪映素材库
   素材 ………………………………… 10
 1.3.2 素材分割：分割并删除多余素材 …… 13
 1.3.3 素材替换：老旧素材快速更换 ……… 16
 1.3.4 裁剪画面：视频画面二次构图 ……… 17
 1.3.5 导出视频：导出4K高品质视频 …… 18
1.4 功能应用：让视频画面不再单调 ………… 20
 1.4.1 比例：横版与竖版视频的切换 …… 20
 1.4.2 倒放：制作时光倒流画面效果 …… 21
 1.4.3 动画：设置素材的出入场效果 …… 22
 1.4.4 定格：制作定格拍照效果视频 …… 24
 1.4.5 画中画：制作三分屏画面效果 …… 25
 1.4.6 镜像：打造空间倒置画面效果 …… 27
 1.4.7 美颜：实现人物魅力的最大化 …… 28
 1.4.8 变速：打造行车动感加速效果 ……… 29
 1.4.9 关键帧：用关键帧模拟运镜效果 …… 30

第2章 音频剪辑：声画结合激发情感共鸣

2.1 添加音频：多渠道导入多种音频 ………… 33
 2.1.1 背景音乐：打造动感舞台效果 …… 33
 2.1.2 背景音效：给视频添加背景音效 …… 35
 2.1.3 音频分离：提取视频的背景音乐 …… 37
 2.1.4 抖音收藏：使用抖音收藏的音乐 …… 38
 2.1.5 链接下载：通过链接导入音乐 …… 40
2.2 音频处理：基本操作不容忽视 …………… 41
 2.2.1 淡入淡出：对音频进行淡化处理 …… 41
 2.2.2 奇妙变声：对音频进行变声处理 …… 43
 2.2.3 音频变速：对音频进行变速处理 …… 44
 2.2.4 音频变调：对音频进行变调处理 …… 45

第3章 添加字幕：文字解说更具专业范

3.1 创建基本字幕 ……………………………… 47
 3.1.1 新建字幕：在视频中添加文字内容 … 47

3.1.2　自动朗读：将文字自动转换为语音 … 50

3.1.3　识别字幕：快速识别视频中的字幕 … 53

3.2　添加字幕效果 ……………………………… 55

3.2.1　动画效果：制作片尾滚动字幕 ……… 55

3.2.2　花字效果：在视频中添加花字效果 … 58

3.2.3　气泡效果：制作古风气泡文字效果 … 60

3.2.4　贴纸效果：添加精彩有趣的贴纸

字幕 ………………………………… 64

3.3　制作创意字幕效果 …………………………… 66

3.3.1　文字消散：制作烂漫唯美的文字消散

效果 ………………………………… 66

3.3.2　镂空文字：制作炫酷的片头镂空

文字 ………………………………… 68

3.3.3　卡拉OK：制作卡拉OK文字效果 …… 70

第4章　调色效果：让视频画面更加夺目

4.1　调色原理：一级调色和二级调色 ………… 73

4.1.1　一级调色：确定视频的整体色调 …… 73

4.1.2　二级调色：使用滤镜进行风格化

处理 ………………………………… 76

4.2　调色效果：让视频画面不再单一 ………… 77

4.2.1　日系动漫：解锁宫崎骏动漫风格 …… 77

4.2.2　赛博朋克：打造炫酷的科技感 ……… 79

4.2.3　暗黑系色调：调出街景暗黑大片 …… 80

4.2.4　青橙色调：打造好莱坞大片质感 …… 82

4.2.5　森系色调：高清森系色调突出主体 … 84

4.2.6　港风色调：制作港风人像视频 ……… 86

第5章　合成效果：画面合成创意无极限

5.1　智能抠像和色度抠图 ……………………… 89

5.1.1　分身合体：使用智能抠像制作人物

分身合体效果 ……………………… 89

5.1.2　鲸鱼飞天：使用色度抠图制作鲸鱼

飞天合成效果 ……………………… 92

5.1.3　穿越手机：制作穿越手机屏幕的片头

效果 ………………………………… 94

5.2　混合模式和蒙版功能 ……………………… 97

5.2.1　情景短剧：制作城市夜景情景短

视频 ………………………………… 97

5.2.2　回忆画面：制作两个视频的融合

效果 ………………………………… 100

5.2.3　宇宙行车：合成夜间行车的星空

特效 ………………………………… 102

案例实战篇

第6章　转场效果：瞬间转换秒变技术流

6.1　基础转场：制作流畅自然的美食集锦

短视频 ………………………………… 105

6.2　无缝转场：婚礼画面无缝衔接转场 ……… 109

6.3　水墨转场：制作古风人物出场效果 ……… 111

6.4　裂缝转场：利用物体遮挡切换时空 ……… 114

6.5　蒙版转场：制作人物穿越时空效果 ……… 117

第7章 特效功能：酷炫特效打造影视感

第9章 Vlog视频：记录生活碎片

7.1 冬天变夏天：使用自然特效制作季节
转换效果 ………………………………… 120

7.2 特效变装：制作人物变装短视频 ……… 124

7.3 荧光线描：制作唯美的漫画荧光线描效果… 127

7.4 定格动画：模拟漫画人物出场效果 ……… 131

7.5 相册翻页：使用边框特效制作相册翻页
效果 ……………………………………… 136

9.1 片头：制作Vlog涂鸦片头 ……………… 157

9.2 美食：制作周末美食Vlog ……………… 159

9.3 旅行：制作高级旅拍记录大片 ………… 162

9.4 萌宠：狗狗的周末日记 ………………… 165

9.5 日常碎片：大学生假日出游Vlog ……… 169

第8章 卡点视频：动感视频更具感染力

第10章 广告宣传：商业项目实战

8.1 蒙版卡点：打造炫酷的城市灯光秀 ……… 140

8.2 3D卡点：制作旋转的立方体相册 ……… 143

8.3 变速卡点：制作丝滑的曲线变速卡点视频… 147

8.4 分屏卡点：制作炫酷的三分屏卡点视频 … 150

8.5 拍照卡点：制作音乐卡点定格拍照视频 … 153

10.1 租赁广告：制作房屋租赁视频广告 ……… 175

10.2 店铺宣传：制作淘宝鞋店广告视频 ……… 180

10.3 活动宣传：制作促销活动宣传短视频 …… 185

10.4 城市宣传：制作电影感城市宣传短视频 … 191

10.5 公益宣传：制作正能量公益活动宣传
视频 ……………………………………… 195

软件基础篇

第1章

快速入门：新手必学的基本操作

剪映专业版是抖音继剪映移动版之后推出的，在电脑端使用的一款视频剪辑软件。相较于剪映移动版，剪映专业版的界面及面板更清晰，布局更适合电脑端用户，也更适用于更多专业剪辑场景，能帮助用户制作出更专业、更高阶的视频效果。

1.1 初识剪映专业版：简单好用的剪辑神器

在使用剪映专业版进行后期编辑之前，首先需要对此软件有一个基础的了解，下面来认识剪映专业版，并详细介绍该软件下载和安装的方法。

1.1.1 剪映专业版的诞生

剪映专业版开发工作的启动，源于客服邮箱收到的用户源源不断的询问。2019年6月剪映移动端上线，逐渐积累用户口碑，2020年初，剪映的产品经理每个月都能在产品反馈官方邮箱中看到几十封用户邮件，提出的都是同一个问题：剪映什么时候能出PC版？

用户之所以会提出这样的诉求，主要有以下几个原因。

- 由于手机屏幕尺寸、存储空间和手机性能的限制，APP软件显然已无法满足大部分西瓜视频和抖音头部创作者们的创作需求，越来越多的用户开始学习使用电脑端工具编辑视频。
- 市面上没有能完全满足国内用户创作习惯的主导型编辑软件，专业创作者普遍在混用编辑软件，例如，用某个软件编辑，同时还安装一大堆插件做特效、调色、字幕等，这说明新工具仍有机会。
- 现有的电脑端视频编辑软件体验不佳，功能复杂的软件操作门槛很高，简单的软件又无法实现复杂多变的效果。许多好的编辑工具来自海外，不一定能贴合国内用户的使用习惯。

2020年11月，剪映团队推出了剪映专业版Mac版本，进而又快马加鞭地在2021年2月推出了剪映专业版Windows版本，实现了广大用户在电脑端也能"轻而易剪"的创作诉求。图1-1所示为剪映官方推出的剪映专业版宣传展示页面。

> 提示：剪映专业版是由抖音官方推出的一款全能易用的桌面端剪辑软件，现有Mac OS版本与Windows版本，以下统称"剪映专业版"。

1.1.2 剪映 APP 与剪映专业版的区别

作为抖音推出的剪辑工具，剪映可以说是一款非常适用于视频创作新手的"剪辑神器"，其操作简单且功能强大，同时与抖音的无缝衔接也是其深受广大用户喜爱的原因之一。

图1-1

　　剪映APP与剪映专业版的最大区别在于二者基于的用户端不同，因此界面的布局有很大的不同。相较于剪映APP，剪映专业版基于电脑屏幕的优越性，可以为用户呈现更为直观、全面的画面编辑效果，这是APP所不具备的优势。图1-2和图1-3所示分别为剪映APP和剪映专业版的工作界面展示效果。

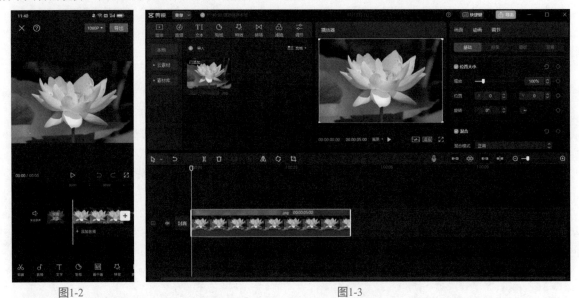

图1-2　　　　　　　　　　　　　　　　　图1-3

　　剪映APP的诞生时间较早，目前既有的功能和模块已趋于较为完备的状态，而剪映专业版由于推出的时间不长，部分功能和模块还处于待完善状态，但相信随着用户群体的不断壮大，其功能会逐步更新和完善。

1.1.3　下载和安装剪映专业版

　　剪映专业版的下载和安装非常简单，下面以安装Windows版本为例讲解具体的下载及安装方法。

01 在计算机浏览器的搜索框中，输入关键词"剪映专业版"，查找相关内容。进入官方网站后，在主页单击"立即下载"按钮，如图1-4所示。单击该按钮后，浏览器将弹出任务下载框，用户可以自定义安装程序的存放位置，之后根据提示进行下载即可。

图1-4

02 完成上述操作后，在下载文件夹中找到安装程序文件，双击程序文件 ✖，打开程序安装界面，用户可以自定义软件的安装路径，完成后单击"立即安装"按钮，如图1-5所示，即可开始安装剪映程序。

图1-5

03 等待程序自动安装，安装完成后，单击"立即体验"按钮，如图1-6所示，可启动剪映专业版软件。

图1-6

> 提示：本书的编写基于剪映专业版Windows版本完成，若使用版本不同，实操部分功能操作可能会存在差异，建议用户灵活对照自身使用的版本进行变通学习。

1.2　功能详解：剪映专业版的工作界面

启动剪映专业版软件后，首先映入眼帘的是首页界面，本节将介绍剪映专业版软件的工作界面和功能。

1.2.1　首页功能：创建与管理剪辑项目

创建与管理剪辑项目，是视频编辑处理的基本操作，也是各位新手用户需要预先学习的内容。下面介绍在剪映专业版中创建与管理剪辑项目的操作方法。

01 启动剪映专业版软件，在首页界面中单击"开始创作"按钮 开始创作，如图1-7所示。

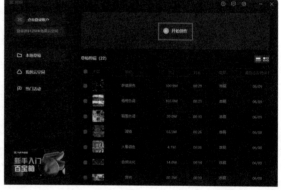

图1-7

02 进入视频编辑界面，此时已经创建了一个视频剪辑项目，单击"导入"按钮 导入，如图1-8所示。

图1-8

03 在弹出的"请选择媒体资源"对话框中，打开素材所在的文件夹，选择需要使用的图像或视频素材，选择后单击"打开"按钮，如图1-9所示。

图1-9

04 完成上述操作后，选择的素材将导入剪映软件的本地素材库中，如图1-10所示，用户可以随时调用素材进行编辑处理。

05 按住鼠标左键，将本地素材库中的图片素材拖入时间轴，如图1-11所示，这样就完成了素材的调用。

06 在视频编辑界面的左上角单击"菜单"按钮，

在展开的列表中选择"返回首页"选项，如图1-12所示。

图1-10

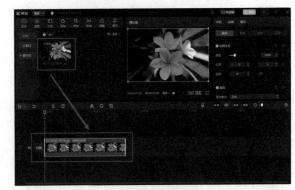

图1-11

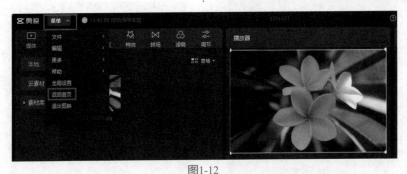

图1-12

07 回到首页界面，此时可以看到刚刚创建的剪辑项目被存放到了"草稿剪辑"区域，单击剪辑项目缩览图右下角的三个点按钮，在展开的列表中可以执行"重命名""复制草稿""删除"等操作，如图1-13所示。

08 在展开的列表中选择"重命名"选项，然后修改剪辑项目的名称为"鸡蛋花"，如图1-14所示。

09 在展开的列表中选择"复制草稿"选项，在"草稿剪辑"区域将得到一个相同的副本项目，如图1-15所示。

图1-13

图1-14

图1-15

1.2.2　编辑界面：界面功能与快捷键

创建剪辑项目后，即可进入剪映专业版的视频编辑界面，如图1-16所示。

顶部工具栏

左侧工具栏

素材库

时间轴

素材调整区域

播放器

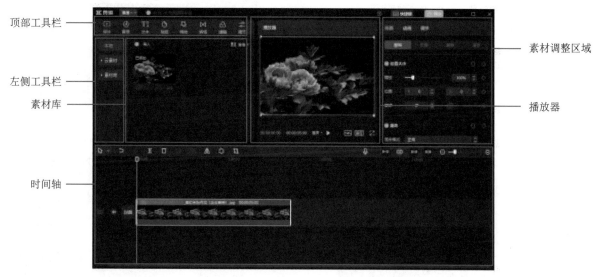

图1-16

下面对编辑界面的各个功能区域进行具体介绍。

1. 菜单命令

进入视频编辑界面后，单击界面顶部的"菜单"按钮 菜单 ✓，展开菜单选项列表，如图1-17所示。

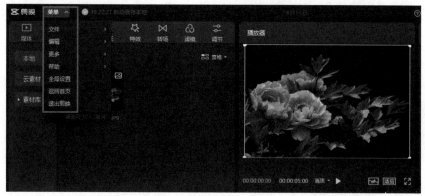

图1-17

菜单选项说明如下。

● 文件：将光标悬停至"文件"选项上方时，在展开的列表中可选择执行"新建草稿""导入"和"导出"三项操作命令。

● 编辑：将光标悬停至"编辑"选项上方时，在展开的列表中可选择执行"撤销""恢复""复制""剪切""粘贴""删除"操作命令。

● 更多：将光标悬停至"更多"选项上方时，在展开的列表中可查看"用于协议""隐私条款""第三方协议"及版本号信息等。

● 帮助：将光标悬停至"帮助"选项上方时，在展开的列表中可查看快捷键及软件信息。

● 全局设置：选择该选项，可以设置草稿位置、素材大小、素材下载位置等信息。

● 返回首页：选择该选项，可返回首页界面。

● 退出剪映：选择该选项，可关闭剪映专业版软件。

2. 顶部工具栏

顶部工具栏位于编辑界面的上方，包含"媒体""音频""文本""贴纸"等选项，如图1-18所示。

图1-18

- 媒体：在该选项中，用户可对剪辑项目进行基本的查看和管理。
- 音频：单击"音频"按钮 ⏱，可打开音乐素材列表，如图1-19所示。

图1-19

- 文本：单击"文本"按钮 TI，可打开文本素材列表，如图1-20所示。

图1-20

- 贴纸：单击"贴纸"按钮 ◔，可打开贴纸素材列表，如图1-21所示。
- 特效：单击"特效"按钮 ✿，可打开特效素材列表，如图1-22所示。
- 转场：单击"转场"按钮 ⋈，可打开转场素材列表，如图1-23所示。
- 滤镜：单击"滤镜"按钮 ◎，可打开滤镜素材列表，如图1-24所示。

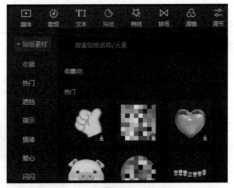

图1-21

图1-22

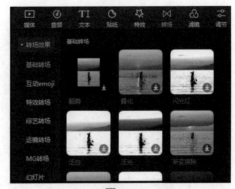

图1-23

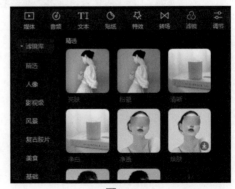

图1-24

- 调节：单击"调节"按钮 ⚟，可结合"调节"面板对素材进行亮度、对比度、饱和度等颜色参数的调节。

3. 左侧工具栏

左侧工具栏位于视频编辑界面的左上角，如图1-25所示，需要配合顶部工具栏进行使用，用户在顶部工具栏中单击不同按钮时，左侧工具栏中对应的选项参数也不一样。

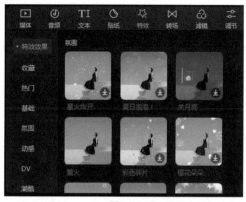

图1-25

4. 素材库

素材库，顾名思义就是用于存放素材的区域，如图1-26所示。在剪映专业版中，当用户在顶部工具栏中单击不同按钮时，素材库也会相应进行切换，分别向用户展示音乐、贴纸、转场等素材。

图1-26

5. 播放器

当用户在剪映专业版中导入素材后，可在素材库中单击素材，并在播放器中预览素材效果，如图1-27所示。当用户将素材拖入时间轴区域时，单击时间轴中的素材，同样可以在播放器中预览素材效果。

图1-27

6. 素材调整区域

素材调整区域位于视频编辑界面的右侧，当用户在时间轴区域中选择某个素材时，可在该区域中对素材的基本参数进行调整，如图1-28所示。

图1-28

7. 时间轴

时间轴位于视频编辑界面的下方，是编辑和处理视频素材的主要工作区域，如图1-29所示。

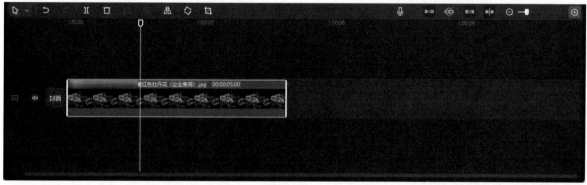

图1-29

时间轴工具栏功能按钮说明如下。

- ▷选择：单击该按钮可切换至"选择"工具，该工具的快捷键为A，此时用户可对素材库或时间轴中的素材进行移动、调整及其他命令操作。

- 切割：单击该按钮可切换至"切割"工具，快捷键为B。在切换该工具之后，可对时间轴中的素材进行切割操作。

- 撤销：单击该按钮，可撤销上一步操作。

- 恢复：单击该按钮，可恢复撤销的操作。

- 分割：单击该按钮，可沿当前时间线所处位置分割时间轴中的素材。

- 删除：单击该按钮，可删除时间轴中选中的素材。

- 定格：当用户在时间轴中选中视频素材时，该按钮为可使用状态。将播放头移动至要定格的画面所处的时间点，单击该按钮，此时将在时间轴中自动生成3秒的定格素材。

- 倒放：单击该按钮，可使时间轴中选中的视频素材倒放。

- 镜像：单击该按钮，可使选中的素材画面沿水平方向翻转。

- 旋转：单击该按钮，可以对选中素材的画面进行旋转操作。

- 裁切：单击该按钮，可对选中素材的画面进行比例裁切或自由裁切。

- 打开/关闭吸附：单击该按钮，可打开或关闭时间线吸附功能。

- 打开/关闭预览轴：单击该按钮，可打开或关闭预览轴。

- 时间线缩小/放大：左右拖动滑块，可以调整时间轴大小。

> **提示：** 用户在Windows电脑版和Mac电脑版上进行操作时，两者的功能和操作方法基本相同，可以实现同样的视频效果。不过，Mac电脑版与Windows电脑版存在一些细微差别，用户在做某些效果时需要注意。

8. 操作快捷键

在剪映专业版中，部分操作可以直接使用快捷键完成，用户可以借此极大地提升剪辑效率，不过Mac电脑版与Windows电脑版的快捷键存在一些细微差别，如表1-1所示。

表 1-1

操作说明	Mac电脑版	Windows电脑版
分割	Command+B	Ctrl+B
复制	Command+C	Ctrl+C
剪切	Command+X	Ctrl+X
粘贴	Command+V	Ctrl+V
删除	Delete(删除键)	Backspace(回退键) Delete（删除键）
撤销	Command+Z	Ctrl+Z
恢复	Shift+Command+Z	Shift+Ctrl+Z
上一帧	◁	←
下一帧	▷	→
手动踩点	Command+J	Ctrl+J
轨道放大	Command++	Ctrl++
轨道缩小	Command+－	Ctrl+－
时间线上下滚动	滚轮上下	滚轮上下
时间线左右滚动	Shift+滚轮上下	Alt+滚轮上下

续表

操作说明	Mac电脑版	Windows电脑版
吸附开关	N	N
播放暂停	空格键	Spacebar(空格键)
全屏/退出全屏	Shift+Command+F	Ctrl+F
取消播放器对齐	长按Command	长按Ctrl
新建草稿	Command+N	Ctrl+N
导入视频/图像	Command+I	Ctrl+I
切换素材面板	Tab	Tab（跳格键）
启用/停用片段	V	V
导出	Command+E	Ctrl+E
退出	Command+Q	Ctrl+Q

提示：在剪映的视频剪辑界面中单击右上角的⊡按钮，即可弹出"快捷键"对话框，合理使用这些快捷键，能够帮助用户提升剪辑效率。

1.2.3　剪映云盘：实现多设备同步编辑

在利用剪映编辑视频时，系统会自动将剪辑视频上传至草稿箱，草稿箱的内容一旦删除就找不到了，为了避免这种情况发生，用户可以将重要的视频发布到云空间，这样不仅可以将视频备份储存，还可以实现多设备同步编辑。

01 启动剪映专业版软件，登录抖音账号，在草稿箱中勾选需要进行备份的视频，单击"上传云端"按钮☁，如图1-30所示。

图1-30

02 在弹出的对话框中单击"开始备份"按钮，如图1-31所示。

03 将视频备份至云端后，单击"我的云空间"按钮可以查看储存的视频项目，如图1-32所示。

04 在手机上打开剪映APP，登录同一个剪映账号，在首页单击"剪映云"按钮，如图1-33所示，可

以在"我的云空间"里看见上述备份的视频项目，如图1-34所示。

05 单击视频缩览图中的"下载"按钮，将视频下载至本地，在界面弹出的对话框中单击"前往编辑"按钮，如图1-35所示。

06 跳转至主界面后，可以看到该视频项目已下载至"本地草稿"，如图1-36所示；用户单击视频缩览图，即可打开视频编辑界面，在手机端继续进行后期编辑，如图1-37所示。

图1-31

图1-32

图1-33 图1-34

图1-35 图1-36 图1-37

1.3 素材处理：细枝末节打好基础

在剪映专业版中，用户可以在时间轴中编辑置入的素材，并依据构思自如地组合、剪辑素材，使视频最终形成所需的播放顺序。下面介绍素材处理的一些基本操作，帮助用户快速掌握视频剪辑的方法和技巧。

1.3.1 素材导入：添加本地或剪映素材库素材

剪映专业版支持用户编辑和处理jpg、png、mp4、mp3等多种格式的文件，在剪映专业版中创建剪辑项目后，用户可以将计算机中或剪映素材库的视频素材、图像素材、音频素材导入剪辑项目。

扫码看视频教学

01 启动剪映专业版软件，在首页界面单击"开始创作"按钮 ⊙ 开始创作 ，如图1-38所示。

02 进入视频编辑界面，单击"素材库"按钮，打开素材库选项栏，如图1-39所示。

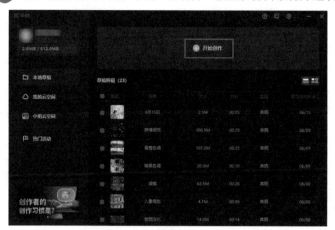

图1-38　　　　　　　　　　　　　　　　　　图1-39

03 向下滑动素材库选项栏，单击"片头"按钮，在片头列表中选择"人间烟火"选项，单击素材缩览图右下角的"添加到轨道"按钮 ⊕ ，即可将该素材添加到时间轴中，如图1-40所示。

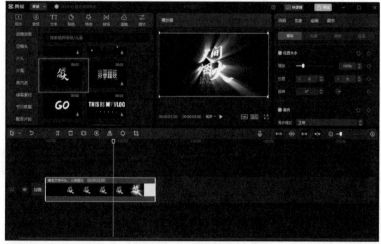

图1-40

04 在视频编辑界面单击"本地"按钮，然后单击"导入"按钮 ⊕ 导入 ，如图1-41所示。

图1-41

05 在弹出的"请选择媒体资源"对话框中，选择5张关于美食的图像素材，选择完成后单击"打开"按钮，将素材导入剪辑项目的素材库中，如图1-42和图1-43所示。

图1-42　　　　　　　　　　　　　　　　　　　　图1-43

06 将时间线定位至片头素材的尾端，在剪辑项目的素材库中单击素材缩览图右下角的"添加到轨道"按钮 ⊕ ，将5张图像素材添加到时间轴中，如图1-44所示。

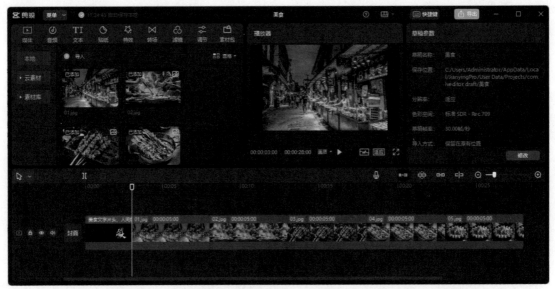

图1-44

07 在时间轴中单击素材1的缩览图，选中素材，将素材右侧的白色拉杆向前拖动，使素材的持续时间缩短至1秒，余下3段素材重复上述操作，如图1-45所示。

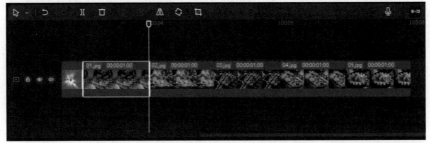

图1-45

08 将时间线定位至第6段素材的尾端，单击"素材库"按钮，打开素材库选项栏，向下滑动，单击"片尾"按钮，在片尾列表中选择图1-46所示的选项，单击该素材缩览图右下角的"添加到轨道"按钮 ⊡ ，将片尾素材添加到时间轴中。

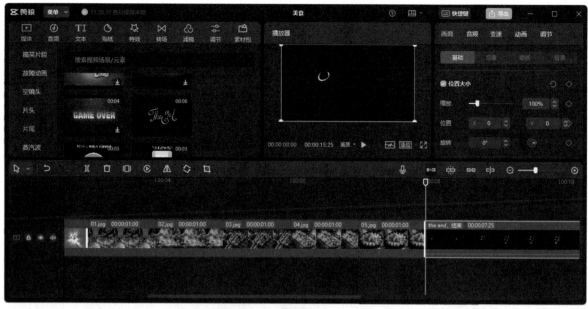

图1-46

09 完成上述操作后，播放预览视频，效果如图1-47所示。

图1-47

提示：播放器左下角的时间，表示当前时长和视频的总时长。单击右下角的 按钮，可全屏预览视频效果。单击"播放"按钮 ，即可播放视频。用户在进行视频编辑操作后，单击"撤回"按钮 ，即可撤销上一步操作。

1.3.2 素材分割：分割并删除多余素材

扫码看视频教学

在剪映专业版中导入素材后，可以对其进行分割处理，并删除多余的片段，下面介绍具体操作方法。

01 启动剪映专业版软件，在首页界面单击"开始创作"按钮 ，如图1-48所示。

02 进入视频编辑界面，单击"导入"按钮 ，如图1-49所示。

 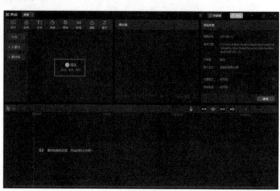

图1-48   图1-49

03 在"请选择媒体资源"对话框中打开素材所在的文件夹,选择"干杯"的视频文件,如图1-50所示。

04 单击"打开"按钮,将视频文件导入"本地"素材库中,如图1-51所示。

图1-50

图1-51

05 单击视频缩览图右下角的"添加到轨道"按钮🟦,将素材添加到时间轴中,如图1-52所示。

图1-52

06 选中素材1,拖曳时间线至视频画面中举杯的位置,单击"分割"按钮🟦,如图1-53所示。

图1-53

07 执行上述操作后，即可分割视频，选中分割出来的前半段视频，如图1-54所示。

08 单击"删除"按钮▣，即可删除分割出来的前半段多余的视频片段，如图1-55所示。

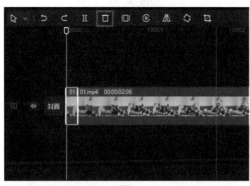
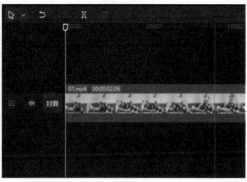

图1-54　　　　　　　　　　　　　　　　　图1-55

09 再次选中素材1，拖曳时间线至视频画面中碰杯的位置，单击"分割"按钮Ⅱ，如图1-56所示。

图1-56

10 执行上述操作后，选中分割出来的后半段视频，如图1-57所示。

11 单击"删除"按钮▣，即可删除分割出来的后半段多余的视频片段，如图1-58所示。

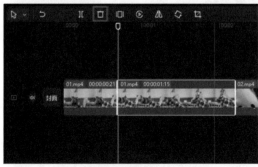
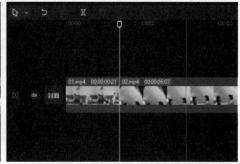

图1-57　　　　　　　　　　　　　　　　　图1-58

12 参照步骤06～步骤11的操作方法，对剩余的11段素材进行分割截取，只保留干杯的动作画面，如图1-59所示。

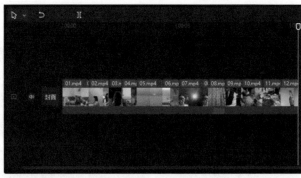

图1-59

13 完成所有操作后，即可制作出一个简单的干杯集锦短视频，视频效果如图1-60和图1-61所示。

图1-60

图1-61

1.3.3 素材替换：老旧素材快速更换

扫码看视频教学

在进行视频编辑处理时，如果用户对某个部分的画面效果不满意，直接删除该素材，势必会对整个剪辑项目产生影响。想要在不影响项目的情况下换掉不满意的素材，可以通过剪映中的"替换"功能轻松实现。

01 在剪映中导入多段视频素材并添加到时间线上，选择需要进行替换的素材片段，右击，在弹出的快捷菜单中选择"替换片段"选项，如图1-62所示。

图1-62

02 在"请选择媒体资源"对话框中打开素材所在的文件夹，选择"风吹茅草"的视频文件，单击"打开"按钮，如图1-63所示。

03 在弹出的"替换"对话框中单击"替换片段"按钮，如图1-64所示。

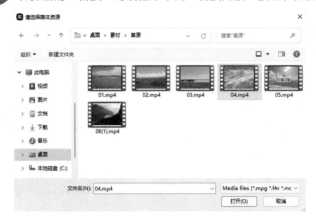

图1-63

图1-64

04 执行上述操作后，选中的素材片段便会被替换成新的视频片段，如图1-65所示。

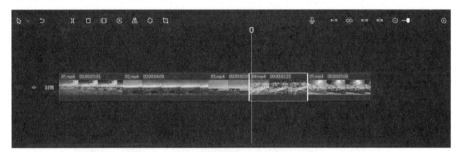

图1-65

1.3.4 裁剪画面：视频画面二次构图

用户在前期拍摄视频时，如果发现画面局部有瑕疵，或者构图不太理想，也可以在后期制作中利用剪映的"裁剪"功能裁掉部分画面，下面介绍具体的操作方法。

01 在剪映中导入视频素材并添加到时间轴上，选中视频轨道，单击"裁剪"按钮，如图1-66所示。

扫码看视频教学

图1-66

17

02 在"裁剪"对话框的预览区域中拖曳裁剪控制框，对画面进行适当裁剪，然后单击"确定"按钮 **确定** ，确认裁剪操作，如图1-67和图1-68所示。

图1-67

图1-68

03 完成所有操作后，播放预览视频，效果如图1-69所示。

图1-69

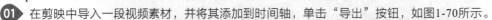

1.3.5 导出视频：导出 4K 高品质视频

扫码看视频教学

当用户完成对视频的剪辑操作后，可以通过剪映的"导出"功能，开始导出视频作品为.mp4或者.mov等格式的成品。下面介绍将视频导出为4K画质的操作方法。

01 在剪映中导入一段视频素材，并将其添加到时间轴，单击"导出"按钮，如图1-70所示。

图1-70

02 在"导出"对话框的"作品名称"文本框中输入导出视频的名称，如图1-71所示。

图1-71

03 单击"导出"按钮，弹出"请选择导出路径"对话框，选择相应的保存路径；单击"选择文件夹"按钮确认，如图1-72所示。

图1-72

04 在"分辨率"下拉列表中选择"4K"选项；在"码率"下拉列表中选择"更高"选项；在"帧率"下拉列表中选择"60fps"选项（注意，此处的"帧率"参数要与视频拍摄时选择的参数相同，否则即使选择最高的参数也会影响画质）；在"格式"下拉列表中选择"mp4"选项，便于使用手机观看，如图1-73所示。

05 单击"导出"按钮，显示导出进度，如图1-74所示。

06 导出完成后，单击对话框右上角的"打开文件夹"选项，如图1-75所示。

图1-73

图1-74

图1-75

07 跳转至视频所在文件夹，双击视频文件，即可自动打开导出的视频文件，播放预览视频，如图1-76和图1-77所示。

图1-76

图1-77

19

1.4 功能应用：让视频画面不再单调

影片编辑工作是一个不断完善和精细化原始素材的过程，作为一个合格的视频创作者，要学会灵活运用剪辑软件的各个功能，打磨出优秀的影片，本节介绍剪映的各项基本功能。

1.4.1 比例：横版与竖版视频的切换

扫码看视频教学

使用剪映的比例调整功能，可以快速将横版视频转换为竖版效果，下面介绍具体的操作方法。

01 在剪映中导入视频素材并添加到时间轴，单击播放器中的"适应"按钮，如图1-78所示。

02 在弹出的下拉列表中选择"9:16"选项，即可将视频画布调整为相应尺寸大小，如图1-79所示。

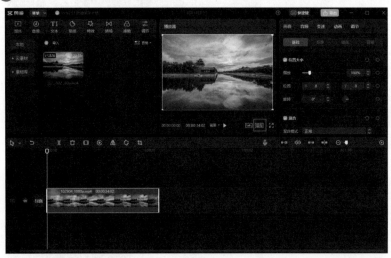

图1-78　　　　　　　　　　　　　　　　　　图1-79

03 使用上述方法制作的竖版视频，画面上下会出现黑色背景，同时视频画面能够获得完整的展现，如图1-80～图1-82所示。

图1-80　　　　　　　　　　图1-81　　　　　　　　　　图1-82

04 如果用户对效果不满意，也可以选中视频轨道，并在播放器的显示区域调整视频画面的大小和展现区域，如图1-83所示。

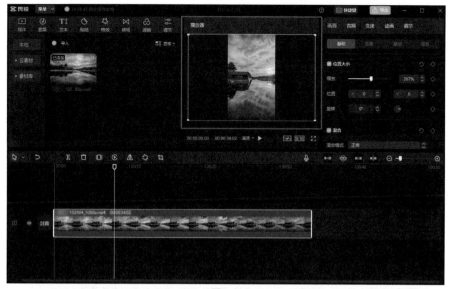

图1-83

05 使用上述方法制作的竖版视频，画面上下没有黑色背景，能够获得满屏展现，但视频画面会被大量裁剪，只能显示局部区域，效果如图1-84~图1-86所示。

图1-84　　　　　　　　　　图1-85　　　　　　　　　　图1-86

提示：抖音平台的竖版视频尺寸为1080×1920，即9:16的宽高比。对于尺寸过大的视频，抖音会对其进行压缩，因此，画面可能会变得很模糊。

1.4.2　倒放：制作时光倒流画面效果

扫码看视频教学

使用剪映的"倒放"功能，可以制作出时光倒流的视频画面效果，下面介绍具体的操作方法。

01 在剪映中导入视频素材并添加到时间轴，将时间轴定位至素材尾端。

02 在剪辑项目的素材库中再次单击素材缩览图右下角的"添加到轨道"按钮⊕，在时间轴中添加两个重复的素材，选中第2段视频素材，单击"倒放"按钮，如图1-87所示。

03 执行上述操作后，即可对视频进行倒放处理，并显示处理进度，如图1-88所示。

04 稍等片刻即可完成倒放处理，预览视频效果，如图1-89和图1-90所示。

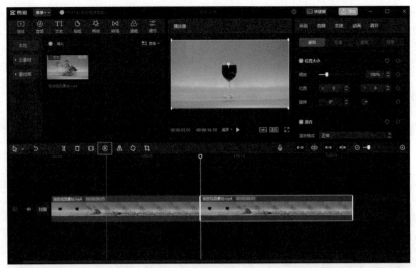

图1-87

图1-88

图1-89

图1-90

1.4.3 动画：设置素材的出入场效果

剪映为用户提供了放大、缩小、伸缩、回弹、形变、抖动等众多动画效果，用户可以尝试为素材添加这些效果来起到丰富画面的作用，下面介绍具体的操作方法。

01 在剪映中导入"饮品"图像素材并添加到时间轴，在时间轴中选中素材1，向前拖动素材右侧的白色拉杆，使素材的持续时间缩短至1.5s，余下素材重复此操作，如图1-91所示。

扫码看视频教学

图1-91

02 选中素材1，在素材调整区域中单击"动画"按钮，选择"入场"选项中的"动感放大"效果，拖曳"动画时长"滑块，将其参数设置为1.0s，如图1-92所示。

图1-92

03 选中素材2，在素材调整区域中单击"动画"按钮，选择"入场"选项中的"动感缩小"效果，拖曳"动画时长"滑块，将其参数设置为1.0s，如图1-93所示。

图1-93

04 参照步骤02和步骤03的操作方法，为剩余14段素材添加"动感放大"和"动感缩小"动画效果，如图1-94所示。

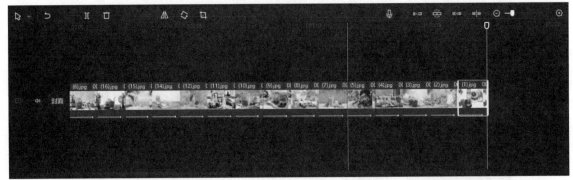

图1-94

05 完成动画效果的添加后，播放预览视频，效果如图1-95和图1-96所示。

图1-95

图1-96

1.4.4 定格：制作定格拍照效果视频

扫码看视频教学

通过剪映的"定格"功能，可以让视频画面定格在某个瞬间，用户使用此功能可以制作出定格拍照的效果，下面介绍具体的操作方法。

01 在剪映中导入一段视频素材，并将其添加至时间轴，如图1-97所示。

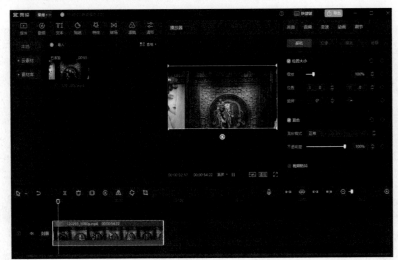

图1-97

02 将时间轴拖曳至画面中人物动作的停顿处，单击"定格"按钮 ，执行操作后，即可生成定格片段，如图1-98和图1-99所示。

03 按照步骤02的操作方法将视频画面中人物停顿的动作全部定格，如图1-100所示。

图1-98　　　　　　　　　　　　　图1-99

图1-100

04 选中最后一段多余的视频素材，单击"删除"按钮 📋，如图1-101所示。

图1-101

05 选中第一个定格片段，拖曳定格片段右侧的白色拉杆，将时间长度调整至0.6s，如图1-102所示。

06 参照步骤04的操作方法，将所有定格片段的持续时间都调整至0.6s，如图1-103所示。

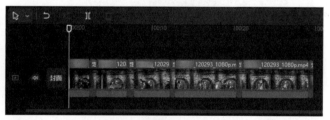

图1-102　　　　　　　　　　　　图1-103

07 完成所有操作后，即可制作出人物定格拍照的效果，如图1-104和图1-105所示。

图1-104　　　　　　　　　　　　图1-105

1.4.5　画中画：制作三分屏画面效果

"画中画"，顾名思义就是使画面中再次出现一个画面，通过"画中画"功能可以实现

简单的画面合成操作，也可以使多个画面同步播放，下面介绍具体的操作方法。

01 在剪映中导入3段视频素材，并将其添加至时间轴，如图1-106所示。

图1-106

02 按住鼠标左键，将素材2移动至素材1上方的画中画轨道，将素材3拖入素材2上方的画中画轨道，如图1-107所示。

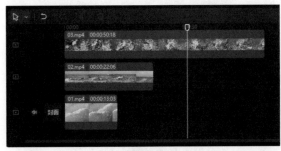

图1-107

提示："画中画"功能可以在一个视频中同时显示多个视频素材的画面。在剪映手机版的工具栏中，会直接显示"画中画"功能按钮；而电脑版虽然没有直接显示该功能，但用户仍然可以通过拖曳视频至画中画轨道的方式来进行多轨道操作。

03 将时间线移动至素材1的尾端，选中素材2，单击"分割"按钮，然后单击"删除"按钮，如图1-108和图1-109所示。

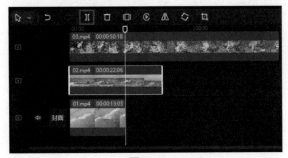

图1-108

图1-109

04 参照步骤03的操作方法，对素材3进行分割并删除多余的视频片段，使3段视频素材的长度保持一致，如图1-110所示。

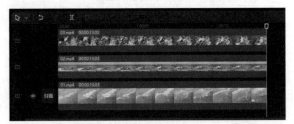

图1-110

05 单击播放器中的"适应"按钮，在弹出的下拉列表中选择"9:16"选项，如图1-111所示。

图1-111

06 在时间轴中选中素材3，在播放器中将其移动至显示区域的下方，如图1-112所示。

07 在时间轴中选中素材1，在播放器中将其移动至显示区域的上方，然后将视频画面调整至合适的大小，如图1-113所示。

08 完成所有操作后，便可实现三个画面同步播放，预览视频效果，如图1-114所示。

提示：在剪辑视频时，一个视频轨道通常只能显示一个画面，两个视频轨道就能制作出两个画面同时显示的画中画特效。如果要制作多画面的画中画，需要用到多个视频轨道。

图1-112

图1-113

1.4.6 镜像：打造空间倒置画面效果

使用剪映的"镜像"功能，可以对视频画面进行水平镜像翻转操作，打造空间倒置效果，下面介绍具体的操作方法。

扫码看视频教学

01 在剪映中导入两个相同的视频素材，并将其添加至时间轴区域，如图1-115所示。

02 选择第2段素材，将其拖曳至上方的画中画轨道，如图1-116所示。

图1-114

图1-115

图1-116

03 选中画中画轨道，在播放器中将其移动至显示区域的上方，双击"旋转"按钮◈，将画面倒置，如图1-117所示。

图1-117

04 单击"镜像"按钮◭，将画面翻转，如图1-118所示。

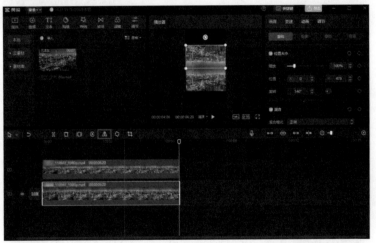

图1-118

05 完成所有操作后，将制作出城市空间倒置效果，预览视频，效果如图1-119所示。

图1-119

1.4.7 美颜：实现人物魅力的最大化

用户在进行后期视频处理时，如果想对入镜对象的面部进行一些美化处理，可以使用剪映的"美颜"功能对人物面部进行磨皮和瘦脸处理，让人物镜头魅力实现最大化。

扫码看视频教学

01 在剪映中导入一段人物视频素材并添加至时间轴，在时间轴中单击素材缩览图，选中素材，如图1-120所示。

02 在素材调整区域中往下滑动，找到"美颜"选项，并滑动"磨皮"滑块，将数值调整至60；滑动"瘦脸"滑块，将数值调整至100，如图1-121所示。

03 人物美颜前后效果对比如图1-122和图1-123所示。

图1-120

图1-121

图1-122

图1-123

1.4.8 变速：打造行车动感加速效果

在剪映中，视频素材的播放速度是可以进行调节的，通过调节可以将视频片段的速度加快或变慢，下面介绍具体的操作方法。

扫码看视频教学

01 在剪映中导入一段"行车"视频素材并添加至时间轴，在时间轴中选中素材；在素材调整区域单击"变速"按钮，选择"曲线变速"选项中的"自定义"选项，如图1-124所示。

图1-124

02 在素材调整区域往下滑动,在自定义设置列表中分别把2、3、4三个点以阶梯的样式拉高,如图1-125所示。

03 将时间线拖曳至尾端,单击"添加点"按钮■,如图1-126所示。

04 移动新添加的点使其与第4个点保持平齐,如图1-127所示。

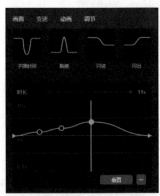
图1-125

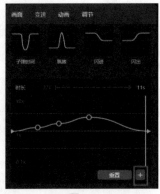
图1-126

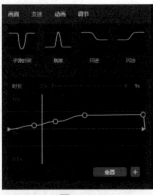
图1-127

05 完成上述操作后,便可制作出极具冲击感的行车加速效果,如图1-128和图1-129所示。

图1-128

图1-129

1.4.9 关键帧:用关键帧模拟运镜效果

扫码看视频教学

剪映的"关键帧"功能,可以让一些原本不会移动的、非动态的元素在画面中动起来,或者让一些后期增加的效果随时间改变,下面介绍使用关键帧模拟运镜效果的具体操作。

01 在剪映中导入一段视频素材并将其添加至时间轴,将时间线移动至素材尾端,在素材调整区域单击"缩放"选项旁边的■按钮,为视频添加一个关键帧,如图1-130所示。

图1-130

02 将时间线移动至视频开始的位置，在播放器中将视频画面放大，此时剪映会自动在时间线所在位置再创建一个关键帧，如图1-131所示。

图1-131

03 选中视频素材，右击，在弹出的快捷菜单中选择"复制"选项，如图1-132所示。

04 在时间轴中右击，在弹出的快捷菜单中选择"粘贴"选项，此时时间轴中新增一个一模一样的视频素材，如图1-133所示。

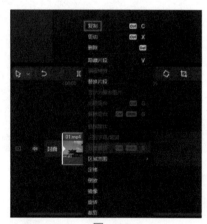

图1-132

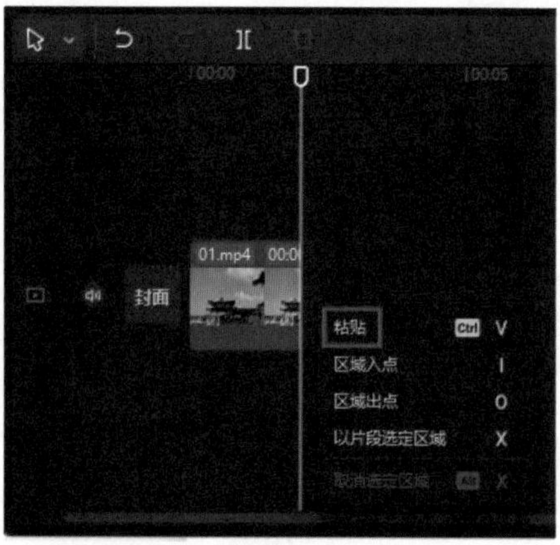

图1-133

05 重复步骤04的操作方法，在时间轴中复制7个视频素材，如图1-134所示。

06 按住鼠标左键，将复制的视频素材移动至同一视频轨道，如图1-135所示。

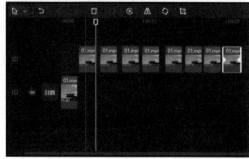

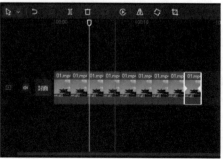

图1-134

图1-135

07 选中第2段视频素材，右击，在弹出的快捷菜单中选择"替换片段"选项，如图1-136所示。

08 在弹出的"请选择媒体资源"对话框中，选择需要使用的素材，选择完成后单击"打开"按钮，图1-137所示。

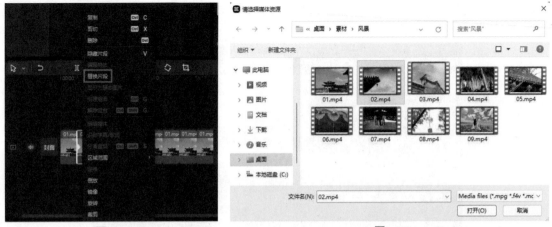

图1-136 图1-137

09 在弹出的"替换"对话框中，单击"替换片段"按钮，选中的素材片段便会被替换成新的视频片段，如图1-138所示。

10 参照步骤07～步骤09的操作方法，将余下7段素材替换为不同的视频素材，如图1-139所示。

图1-138

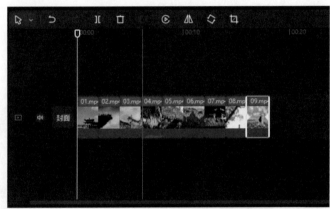

图1-139

11 完成所有操作后，预览视频，效果如图1-140和图1-141所示。

图1-140

图1-141

第 2 章

音频剪辑：声画结合激发情感共鸣

音频是短视频中非常重要的内容元素，一段好的背景音乐或者语音旁白，既能够烘托视频主题，又能渲染观众情绪，是视频不可分割的一部分。剪映为用户提供了较为完备的音频处理功能，支持用户使用各种方式导入音频，也支持用户对音频素材进行剪辑、音频淡化处理、变声和变速处理等。

2.1 添加音频：多渠道导入多种音频

在剪映中，用户不仅可以自由地调用音乐素材库中不同类型的音乐素材，还可以添加抖音收藏中的音乐，或者提取本地视频中的音乐，本节介绍从不同渠道为视频添加音频的方式。

2.1.1 背景音乐：打造动感舞台效果

扫码看视频教学

剪映专业版中具有非常丰富的背景音乐曲库，而且进行了十分细致的分类，用户可以根据自己的视频内容或主题来快速选择合适的背景音乐。下面介绍给视频添加背景音乐的具体操作方法。

01 在剪映中导入视频素材并将其添加到时间轴，单击"关闭原声"按钮 将原声关闭，如图2-1所示。

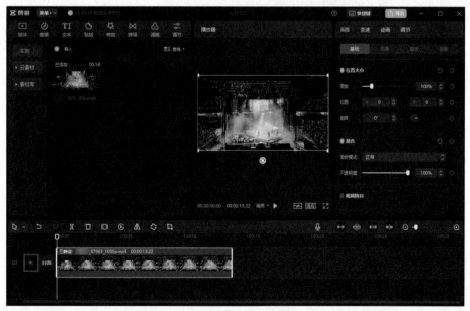

图2-1

02 单击"音频"按钮 ，切换至"音频"功能区；单击"音乐素材"按钮，切换至"音乐素材"选项栏，如

图2-2所示。

图2-2

03 选择相应的音乐类型，如"搞怪"；在音乐列

表中选择合适的背景音乐，即可进行试听，如图2-3所示。

图2-3

04 单击该"音乐"选项中的"添加"按钮 ，即可将其添加到时间轴的音频轨道中，如图2-4所示。

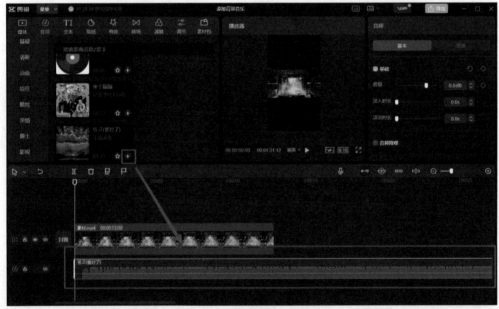

图2-4

> 提示：用户如果看到喜欢的音乐，也可以单击 ☆ 图标，将其收藏起来，待下次剪辑视频时可以在"收藏"列表中快速选择该背景音乐。

05 将时间线拖曳至视频结尾处，单击"分割"按钮 ，如图2-5所示。

图2-5

06 选择分割后的多余音频片段，单击"删除"按钮█，如图2-6所示。

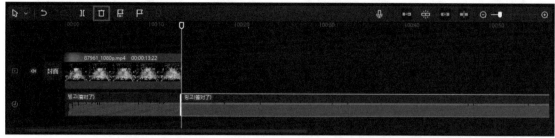

图2-6

07 执行上述操作后，即可删除多余的音频素材，播放预览视频，效果如图2-7所示。

图2-7

2.1.2　背景音效：给视频添加背景音效

扫码看视频教学

剪映中提供了很多有趣的背景音效，用户可以根据短视频的内容来添加合适的音效，如综艺、笑声、人声、魔法、美食、动物等类型。下面介绍给视频添加场景音效的具体操作方法。

01 在剪映中导入视频素材并将其添加到视频轨道中，单击"音频"按钮◗，如图2-8所示。

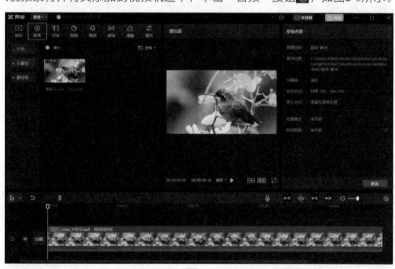

图2-8

02 切换至"音频"功能区，单击"音效素材"按钮，切换至"音效素材"选项栏，如图2-9所示。

03 选择相应的音效类型，如"动物"；在音效列表中选择"一只知更鸟在唱歌"选项，即可进行试听，如图2-10所示。

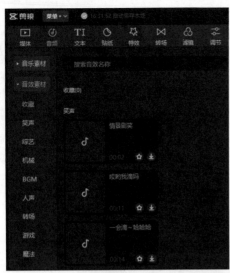

图2-9 　　　　　　　　　　　　　　　　　　　　　图2-10

04 单击该"音效"选项中的"添加"按钮➕，即可将其添加至时间轴的音频轨道中，如图2-11所示。

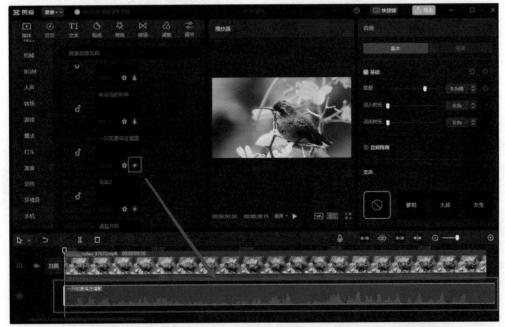

图2-11

05 将时间线拖曳至视频结尾处，单击"分割"按钮Ⅱ，如图2-12所示。

06 选择分割后的多余的音效片段，单击"删除"按钮🗑，如图2-13所示。

图2-12 　　　　　　　　　　　　　　　　　　　　图2-13

07 执行上述操作后，即可删除多余的音效片段，播放预览视频效果，添加音效后可以让画面更有感染力，如图2-14所示。

图2-14

2.1.3 音频分离：提取视频的背景音乐

如果用户看到其他背景音乐好听的视频，可以将其保存到电脑中，并通过剪映来提取视频中的背景音乐，将其应用到自己的视频中。下面介绍从视频文件中提取背景音乐的具体操作方法。

扫码看视频教学

01 在剪映中导入视频素材并将其添加至时间轴，单击"音频"按钮，如图2-15所示。

图2-15

02 切换至"音频"功能区中的"音频提取"选项，单击"导入"按钮，如图2-16所示。

图2-16

03 在弹出的对话框中选择相应的视频素材，单击"打开"按钮，如图2-17所示。

04 执行上述操作后，即可导入音频素材，单击"添加"按钮，如图2-18所示。

05 执行上述操作后，即可将提取的音频添加至音频轨道，如图2-19所示。

06 调整音频素材的持续时长，使其长度和视频素材保持一致，如图2-20所示。

07 播放预览视频，本地视频中的音乐已被添加至视频项目，如图2-21所示。

图2-17

图2-18

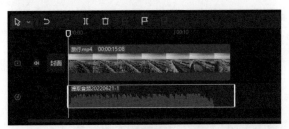

图2-19

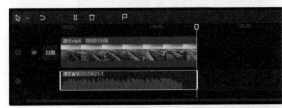

图2-20

图2-21

> 提示：在制作本书的视频案例时，用户也可以从提供的效果视频文件中直接采用提取音乐的方法，来快速给视频添加背景音乐。

2.1.4 抖音收藏：使用抖音收藏的音乐

剪映和抖音的账号是互通的，当用户在抖音中听到喜欢的视频背景音乐时，可以先收藏起来，然后在剪映专业版中登录相同的抖音账号，即可将收藏的背景音乐同步到剪映中，下面介绍具体的操作方法。

扫码看视频教学

01 打开抖音APP进入视频播放界面，单击界面右下角的CD形状的按钮，进入"拍同款"界面；单击"收藏"按钮☆，即可收藏该背景音乐，如图2-22所示。

图2-22

02 启动剪映专业版软件，登录抖音账号，在剪映中导入视频素材并将其添加至视频轨道，单击"音频"按钮🎵，如图2-23所示。

03 切换至"音频"功能区中的"抖音收藏"选项，选择相应的背景音乐，如图2-24所示。

图2-23

图2-24

04 试听所选音乐，单击"添加"按钮 ➕，如图 2-25所示。

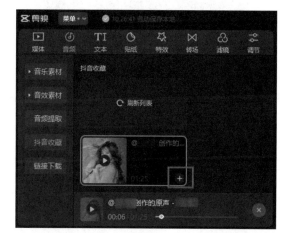

图2-25

05 执行上述操作后，即可将其添加至时间轴的音频轨道，如图2-26所示。

06 将时间线拖曳至音频的副歌部分，单击"分割"按钮 ，如图2-27所示；选中分割后的前半段音频素材，单击"删除"按钮 ，如图2-28所示。

07 将时间线拖曳至视频结尾处，单击"分割"按钮 ，如图2-29所示；选择分割后的多余的音频素材，单击"删除"按钮 ，如图2-30所示。

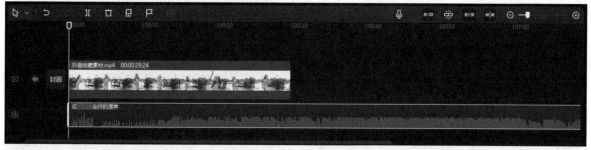

图2-26

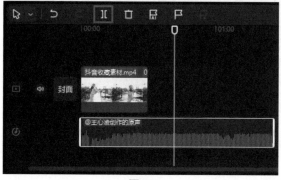

图2-27

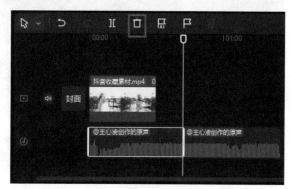

图2-28

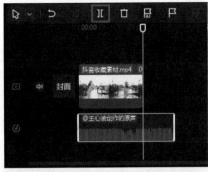

图2-29

图2-30

08 播放预览视频，即可将抖音收藏中的音乐作为自己视频的背景音乐，如图2-31所示。

图2-31

提示：如果想在剪映中将"抖音收藏"中的音乐素材删除，只需在抖音中取消该音乐的收藏即可。

2.1.5 链接下载：通过链接导入音乐

除了收藏抖音的背景音乐外，用户在抖音中发现喜欢的背景音乐，也可以点击"分享"按钮，复制视频链接，然后在剪映中粘贴该链接并下载音乐，具体操作方法如下。

扫码看视频教学

01 在剪映中导入视频素材并将其添加至时间轴，单击"音频"按钮 ⏺，如图2-32所示。

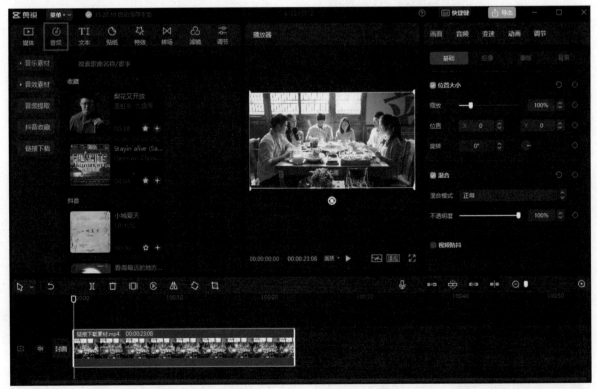

图2-32

02 切换至"音频"功能区中的"链接下载"选项，在文本框中粘贴提前复制完成的视频链接，单击"下载"按钮 ⬇，即可开始下载背景音乐，如图2-33所示。

图2-33

03 背景音乐下载完成后，单击"添加"按钮➕，如图2-34所示。

图2-34

04 执行上述操作后，即可将其添加到音频轨道，如图2-35所示。

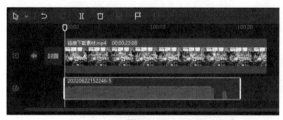

图2-35

05 选中视频素材，将时间线拖曳至音频素材的尾端，单击"分割"按钮Ⅱ，如图2-36所示。选中分割后的多余的视频素材，单击"删除"按钮🗑，如图2-37所示。

图2-36

图2-37

06 裁剪过后的视频轨道与音频轨道同长，播放预览视频，效果如图2-38所示。

图2-38

2.2 音频处理：基本操作不容忽视

剪映为用户提供了较为完备的音频处理功能，支持用户在剪辑项目中对音频素材进行淡化、变声、变调和变速等处理。

2.2.1 淡入淡出：对音频进行淡化处理

设置音频淡入淡出效果后，可以让短视频的背景音乐显得不那么突兀，给观众带来更加舒适的视听感。下面介绍设置音频淡入淡出效果的具体操作方法。

扫码看视频教学

01 在剪映中导入视频素材并将其添加到视频轨道，单击"音频"按钮🎵，打开曲库，添加一首合适的背景音乐，如图2-39所示。

02 在时间轴中，对视频素材进行适当剪辑，使其长度与音乐素材的长度保持一致，如图2-40所示。

03 选中音频轨道，在"素材调整"区域中，设置"淡入时长"为0.6s、设置"淡出时长"为1.0s，如图2-41所示。

图2-39

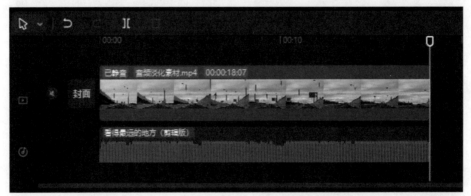

图2-40

图2-41

04 执行上述操作后，即可设置背景音乐的淡入淡出效果，播放预览视频，效果如图2-42所示。

图2-42

提示：淡入是指背景音乐开始响起时，声音会缓缓变大；淡出是指背景音乐即将结束时，声音会渐渐消失。

2.2.2　奇妙变声：对音频进行变声处理

扫码看视频教学

在处理短视频的音频素材时，用户可以给其增加一些变声的特效，让声音效果变得更加有趣。下面介绍多音频进行变声处理的具体操作方法。

01 打开剪映的视频编辑界面，单击"素材库"按钮，打开素材库选项栏，从中选择一段女孩唱歌的视频素材，将其添加至时间轴，如图2-43所示。

02 单击"音频"按钮，从中选择一首合适的音乐添加至时间轴，在素材调整区域选中"变声"单选按钮，在变声选项的下拉列表中选择"萝莉"选项，如图2-44所示。

图2-43

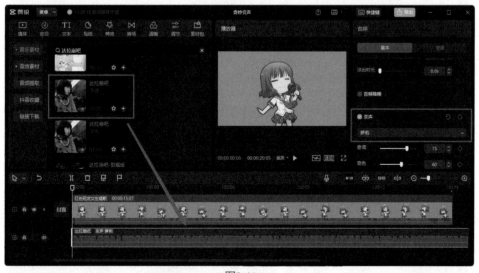

图2-44

03 将时间线拖曳至视频结尾处，选中音频素材，单击"分割"按钮，将多余的音频片段删除，使音频素材的

43

长度和视频素材的长度保持一致；在素材调整区域中，将"淡出时长"的数值设置为1.0s，如图2-45所示。

图2-45

04 执行上述操作后，即可改变视频中的人声效果。播放预览视频，效果如图2-46所示。

图2-46

2.2.3 音频变速：对音频进行变速处理

使用剪映可以对音频播放速度进行放慢或加快等变速处理，从而制作出一些特殊的背景音乐效果。下面介绍对音频进行变速处理的具体操作方法。

扫码看视频教学

01 在剪映中导入视频素材并将其添加到视频轨道，在音频轨道中添加一首合适的背景音乐，如图2-47所示。

02 选择音频轨道，在素材调整区域中切换至"变速"功能区，可以看到默认的"倍速"参数为1.0x，如图2-48所示。

图2-47

图2-48

03 向左拖曳滑块，将"倍数"调整为2.0x，如图2-49所示。

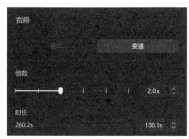

图2-49

04 在时间轴中，调整音频素材的持续时长，使其长度和视频素材保持一致，如图2-50所示。

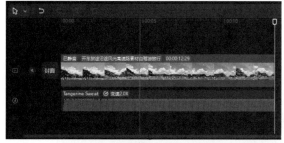

图2-50

05 执行上述操作后，播放预览视频，背景音乐会以2倍速播放，并且整体时长缩短，如图2-51所示。

图2-51

> 提示：如果用户想制作一些有趣的短视频作品，如使用不同播放速率的背景音乐来体现视频剧情的紧凑或舒缓，此时需要对音频进行变速处理。

2.2.4 音频变调：对音频进行变调处理

使用剪映的"声音变调"功能可以实现不同声音的效果，如奇怪的快速说话声、男女声音的调整互换等。下面介绍对音频进行变调处理的具体操作方法。

扫码看视频教学

01 在剪映中打开一个包含语音的视频草稿素材，如图2-52所示。

02 选择音频轨道，在"变速"功能区中将变速倍数设置为1.5x，并打开"声音变调"选项，如图2-53所示。

图2-52

45

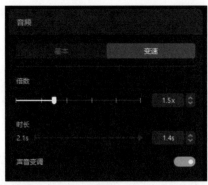

图2-53

03 执行上述操作后，即可制作出一种尖锐的快进声音语调效果，播放预览视频，效果如图2-54所示。

当你的玩偶学会了开车

图2-54

第3章
添加字幕：文字解说更具专业范

为了让视频的信息更丰富，重点更突出，很多视频都会添加一些文字，例如视频的标题、字幕、关键词、歌词等。除此之外，为文字增加一些贴纸或动画效果，并将其安排在恰当位置，还能令视频画面更生动有趣。本章针对剪映中与文字相关的功能进行讲解，让用户能制作出图文并茂的视频。

3.1 创建基本字幕

剪映有多种添加字幕的方法，用户可以手动输入，也可以使用识别功能自动添加，还可以使用朗读功能实现字幕和音频的转换。

3.1.1 新建字幕：在视频中添加文字内容

在剪映中可以输入和设置精彩纷呈的字幕效果，用户可以自由设置文字的字体、颜色、描边、边框、阴影和排列方式等属性，制作出不同样式的文字效果。下面介绍在视频中添加文字内容的具体操作方法。

扫码看视频教学

01 在剪映中导入视频素材并将其添加至时间轴，单击"文本"按钮 TI ，如图3-1所示。

图3-1

02 将时间线移动至视频中第一句歌词开始的位置，在"新建文本"选项中单击"默认文本"中的"添加"按钮，添加一个文本轨道，如图3-2所示。

图3-2

03 选中文本轨道，在文本编辑功能区的文本框中根据音频输入相应的文字，将字体设置为"经典雅黑"，将"字号"的数值设置为6，如图3-3所示。

图3-3

04 将"字间距"的数值设置为2，在播放器的显示区域将字幕素材移动至画面最下方的中间位置，单击"保存预设"按钮，如图3-4所示。

图3-4

05 将时间线移动至视频中第2句歌词开始的位置，在"新建文本"选项中单击"预设文本1"中的"添加"按钮，添加一个文本轨道，在文本编辑功能区的文本框中根据音频输入相应的文字，如图3-5所示。

图3-5

06 参照步骤05的操作方法为视频添加第4句和第5句歌词的字幕，如图3-6所示。

图3-6

07 根据音频中歌词的出现时间，在时间轴中调整字幕的持续时长，如图3-7所示。

图3-7

08 播放预览视频，查看添加的字幕效果，如图3-8所示。

图3-8

提示：在给视频添加字幕内容时，不仅要注意文字的准确性，还需要适当减少文字的数量，让观众获得更好的阅读体验。如果短视频中的文字太多，观众可能看完视频都还没有看清楚其中的文字内容。

3.1.2 自动朗读：将文字自动转换为语音

剪映中的"文本朗读"功能能够自动将视频中的文字内容转换为语音，提升观众的观看体验。下面介绍将文字转换成语音的操作方法。

扫码看视频教学

01 在剪映中导入视频素材并将其添加至时间轴，将时间线定位至视频的起始位置，在"新建文本"选项中单击"默认文本"中的"添加"按钮，添加一个文本轨道，如图3-9所示。

02 在文本编辑功能区中输入相应的文字内容，将字体设置为"温柔体"，将"字号"的数值设置为15，如图3-10所示。

03 在"预设样式"选项中选择图3-11中的样式，在播放器的显示区域将文字素材移动至画面的最上方，单击"保存预设"按钮。

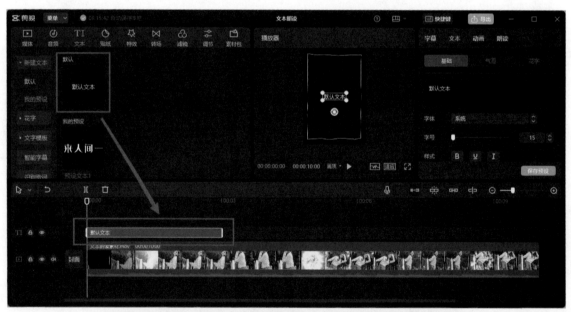

图3-9

图3-10

04 将时间线移动至文字素材的尾端，在"新建文本"选项中单击"预设文本2"中的"添加"按钮，添加一个文本轨道，在文本编辑功能区的文本框中输入相应的文字，如图3-12所示。

图3-11

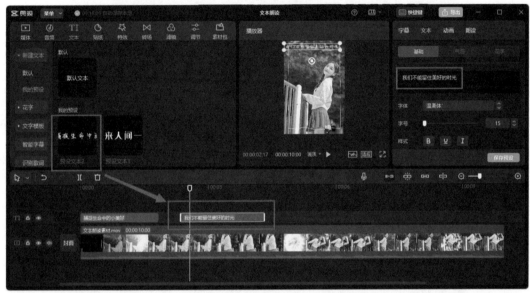

图3-12

05 参照步骤04的操作方法，为视频添加其他字幕，如图3-13所示。

图3-13

06 选择第1段字幕素材,单击"朗读"按钮,在朗读功能区中选择"温柔淑女"选项,单击"开始朗读"按钮,如图3-14所示。

图3-14

提示:在制作教程类或Vlog短视频时,"文本朗读"功能非常实用,可以帮助用户快速做出具有文字配音的视频效果。

07 稍等片刻,即可将文字转换为语音,并自动在时间轴中生成与文字内容同步的音频轨道,如图3-15所示。

图3-15

08 参照步骤06和步骤07的操作方法,将第2段和第3段文字转换为语音,并调整文字素材的持续时长,使其和音频素材的长度保持一致,如图3-16所示。

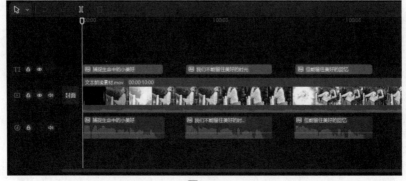

图3-16

09 播放预览视频，查看制作的文字配音效果，如图3-17所示。

图3-17

提示：使用"自动朗读"功能为视频添加音频后，用户还可以在"音频编辑"功能区中调整音量、淡入淡出时长、变声和变速等选项，打造出更具个性化的配音效果。

3.1.3　识别字幕：快速识别视频中的字幕

扫码看视频教学

　　剪映的识别字幕功能准确率非常高，能够帮助用户快速识别并添加与视频时间对应的字幕内容，提升视频的创作效率，下面介绍具体的操作方法。

01 在剪映中导入视频素材并将其添加至时间轴，如图3-18所示。

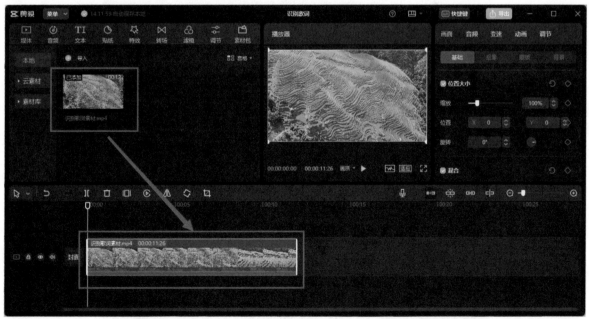

图3-18

02 单击"文本"按钮**TI**，切换至"智能字幕"选项，单击"识别字幕"中的"开始识别"按钮，如图3-19所示。

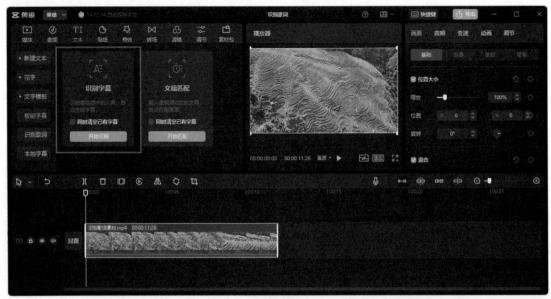

图3-19

> **提示：** 如果用户编辑的视频项目中本身就存在字幕轨道，在"识别字幕"选项中可以勾选"同时清空已有字幕"复选框，快速清除原来的字幕轨道。

03 稍等片刻，即可生成对应的语音字幕，如图3-20所示。

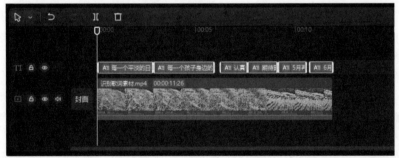

图3-20

> **提示：** 生成文字素材后，用户可以对字幕进行单独或统一的样式修改，以呈现更加精彩的画面效果。

04 选中任意一段字幕素材，将字体设置为"飞扬行书"，将"字号"的数值设置为15，并在播放器的显示区域调整素材的大小和位置，如图3-21所示。

图3-21

05 选中"描边"单选按钮，设置描边颜色为黄绿色，设置"粗细"数值为30，如图3-22所示。

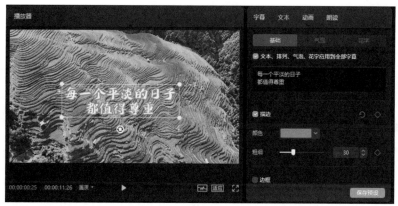

图3-22

06 播放预览视频，查看制作的视频文字效果，如图3-23所示。

图3-23

提示：在识别人物台词时，如果人物说话的声音太小，或者语速过快，会影响字幕自动识别的准确性，因此在完成字幕的自动识别工作后，一定要检查一遍，及时地对错误的文字内容进行修改。

3.2　添加字幕效果

多使用字幕特效，能够吸引观众的眼球，让观众更加清晰地了解视频要讲述的内容。下面介绍4种字幕效果的制作方法，帮助用户快速掌握字幕的使用技巧。

3.2.1　动画效果：制作片尾滚动字幕

片尾滚动字幕主要是利用剪映的文本动画和混合模式的滤色功能，同时结合剪映素材库中的黑场素材制作而成，具体操作方法如下。

扫码看视频教学

01 打开剪映的视频编辑界面，单击"素材库"按钮，切换至素材库选项栏，从中选择"黑场"素材，将其添加至时间轴；在时间线的起始位置处添加一个文本轨道，并输入相应的文字内容，调整文字素材的持续时长，使其长度与黑场素材的长度保持一致，如图3-24所示。

02 在文本编辑功能区中，将"字号"的数值设置为6，"字间距"的数值设置为3，"行间距"的数值设置为6，如图3-25和图3-26所示。

03 在播放器的显示区域将字幕素材移动至画面的右侧，如图3-27所示。

图3-24

04 单击"动画"按钮，在"循环"动画选项中选择"字幕滚动"效果，调整"动画时长"为5.0s，如图3-28所示。完成操作后，单击"导出"按钮，将视频导出。

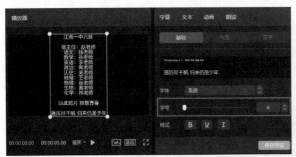

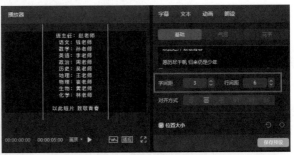

图3-25　　　　　　　　　　　　　　图3-26

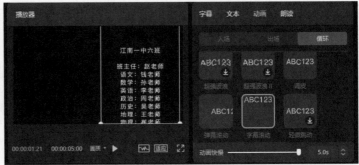

图3-27　　　　　　　　　　　　　　图3-28

> 提示：入场动画和出场动画可以设置动画时长，但循环动画无须设置动画时长，用户只要添加循环动画中任意一种动画效果，就会自动应用到所选的全部片段中。同时，用户可以通过调整循环动画的快慢来改变动画播放效果。

05 在剪映中新建一个项目，导入一段背景视频素材并将其添加至时间轴；再导入制作出的黑场视频并将其添加至画中画轨道；在"混合模式"功能区选项框中选择"滤色"选项，如图3-29所示。

图3-29

06 将时间线定位至视频的起始位置，选中背景视频素材，单击"缩放"选项旁边的◇按钮，为视频添加一个关键帧；将时间线往后移动至4s的位置，将"缩放"的数值设置为50，剪映会自动在时间线所处的位置创建一个关键帧，如图3-30所示。

图3-30

07 将时间线定位至视频的起始位置，选中背景视频素材，单击"位置"选项旁边的◇按钮，为视频添加一个关键帧；将时间线往后移动至4s的位置，在播放器的显示区域将素材移动至画面的左侧，剪映会自动在时间线所处的位置创建一个关键帧，如图3-31所示。

图3-31

08 将黑场素材移动至视频的3s处，如图3-32所示；将时间线定位至黑场素材的尾端，选中背景视频素材，单击"分割"按钮 **Ⅱ**，然后单击"删除"按钮 **囗**，将多余的视频片段删除，如图3-33所示。

图3-33

09 单击"音频"按钮 **⊙**，在剪映的音乐库中选择一首合适的音乐，将其添加至时间轴，并适当调整音频素材的持续时长，使其长度和视频的长度保持一致，如图3-34所示。

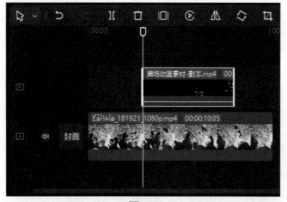

图3-32

图3-34

10 播放预览视频，查看片尾滚动字幕效果，如图3-35和图3-36所示。

图3-35

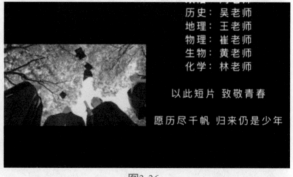

图3-36

提示：如果用户要对一段文字设置多种不同类型的文本动画效果，则需要注意设置的动画总时长不能超过文本轨道的时长。

3.2.2 花字效果：在视频中添加花字效果

扫码看视频教学

剪映中内置了很多花字模板，可以帮助用户一键制作出各种精彩的艺术字效果，下面介绍具体的操作办法。

01 在剪映中导入素材并将其添加至时间轴，单击"文本"按钮 **T**，在"花字"选项中选择一款合适的花字模板，将其添加至时间轴，如图3-37所示。

图3-37

02 在时间轴中选中花字素材，在文字编辑功能区的文本框中输入相应的文字，如图3-38所示。

图3-38

03 在时间轴中调整花字素材的持续时长，并在播放器的显示区域调整花字素材的大小和位置，如图3-39所示。

图3-39

04 参照步骤03～步骤05的操作方法，为视频添加其他花字内容，如图3-40所示。

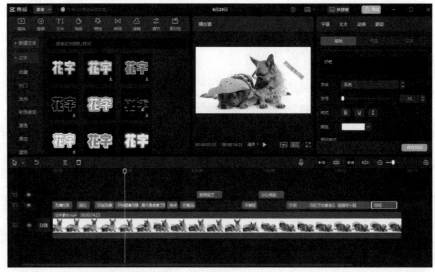

图3-40

05 播放预览视频，查看制作的花字效果，如图3-41和图3-42所示。

图3-41

图3-42

3.2.3　气泡效果：制作古风气泡文字效果

剪映中提供了丰富的气泡文字模板，能够帮助用户快速制作出精美的文字效果，下面介绍具体的操作方法。

扫码看视频教学

01 在剪映中导入视频素材并将其添加至时间轴，单击"文本"按钮 **TI**，切换至"识别歌词"选项，单击"开始识别"按钮，如图3-43所示。

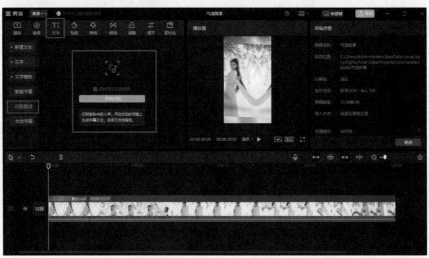

图3-43

02 稍等片刻，即可自动在轨道中生成歌词字幕，如图3-44所示。

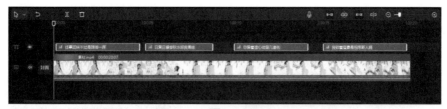

图3-44

03 选中第一句歌词，将时间线定位至歌词的中间位置，单击"分割"按钮，选中分割出来的前半段歌词素材，在文本编辑区域的文本框中将歌词的后7个字删除，如图3-45所示。

图3-45

04 选中分割出来的后半段歌词素材，在文本编辑区域中将歌词的前4个字删除，如图3-46所示。

图3-46

05 参照步骤03和步骤04的操作方法，对余下的3句歌词进行分割处理，如图3-47所示。

图3-47

06 选中任意一段歌词素材，将"字体"设置为"默陌手写"，将"字号"的数值设置为10，如图3-48所示。

素材的大小和位置，并在时间轴中根据音频调整文字素材的持续时间，如图3-52所示。

图3-48

07 在"预设样式"选项中选择"白底黑边"样式，如图3-49所示。

图3-49

08 将"行间距"的数值设置为5，描边"粗细"的数值设置为20，如图3-50和图3-51所示。

09 切换至"文本编辑"功能区的"气泡"选项，选择合适的气泡模板；在播放器的显示区域调整文字

图3-50

图3-51

图3-52

⑩ 选中第一段文字素材，切换至"文本动画"功能区中的"入场"动画选项，选择"渐显"选项，调整"动画时长"为2.0s，如图3-53所示。

图3-53

⑪ 参照上述步骤的操作方式，为余下的文字素材添加动画效果，如图3-54所示。

图3-54

⑫ 播放预览视频，查看制作的气泡文字效果，如图3-55和图3-56所示。

图3-55

图3-56

3.2.4　贴纸效果：添加精彩有趣的贴纸字幕

　　剪映能直接给短视频添加字幕贴纸效果，让短视频画面更加精彩有趣，下面介绍具体的操作方法。

01　在剪映中导入素材并将其添加到视频轨道，单击"文本"按钮 TI ，在"花字"选项中选择一款合适的花字模板，将其添加至时间轴，在"文字编辑"功能区的文本框中输入相应的文字，如图3-57所示。

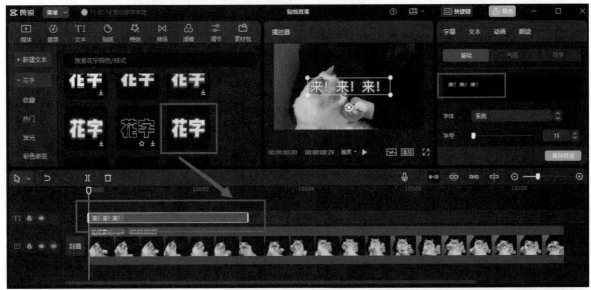

图3-57

02　单击"贴纸"按钮 ，在贴纸选项中选择或在搜索栏中搜索相应的贴纸，将其添加至时间轴，如图3-58所示。

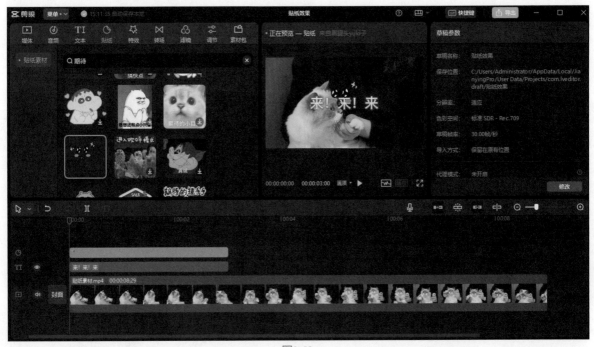

图3-58

03　在播放器的显示区域调整文字素材和贴纸素材的大小和位置，并在时间轴中调整素材的持续时间，如图3-59所示。

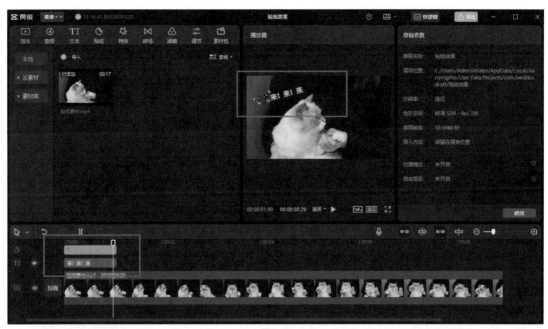

图3-59

04 参照步骤01～步骤03的操作方法，根据视频的画面内容为视频添加其他贴纸字幕，如图3-60所示。

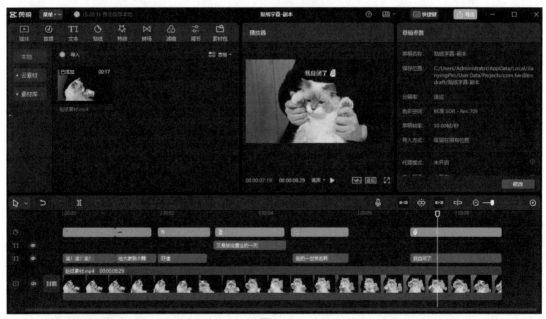

图3-60

05 播放预览视频，查看制作的贴纸字幕效果，如图3-61和图3-62所示。

图3-61

图3-62

提示：使用剪映的"贴纸"功能，不需要用户掌握很高超的后期剪辑操作技巧，只需要用户具备丰富的想象力，同时加上巧妙的贴纸组合，以及对各种贴纸的大小、位置和动画效果等进行适当调整，即可给普通的视频增添更多生机。

3.3　制作创意字幕效果

用户刷抖音时，常常可以看见一些极具创意的字幕效果，例如文字消散效果、片头镂空文字等，这些创意字幕可以非常有效地吸引用户眼球，引发

用户关注和点赞，下面介绍一些常用的创意字幕的制作方法。

3.3.1　文字消散：制作烂漫唯美的文字消散效果

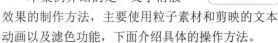

本案例介绍的是"文字消散"效果的制作方法，主要使用粒子素材和剪映的文本动画以及滤色功能，下面介绍具体的操作方法。

01 在剪映中导入视频素材并将其添加到视频轨道，在时间线的起始位置处添加一个文本轨道，输入相应的文字内容，如图3-63所示。

图3-63

02 在文本编辑功能区中，将"字体"设置为"Paint"，将"字号"的数值设置为30，如图3-64所示。

图3-64

03 切换至"文本动画"功能区中的"出场"动画选项，选择"溶解"选项，调整"动画时长"为2.0s，如图3-65所示。

04 在剪映中导入粒子视频素材，将其添加至时间轴，并拖曳至画中画轨道，移动至视频中文字即将溶解的位置，如图3-66所示。

05 选择画中画轨道，适当调整其持续时长，在素材调整区"混合模式"选项框中选择"滤色"选项，去除粒子素材中的黑色部分，如图3-67所示。

图3-65

图3-66

图3-67

提示：使用剪映的"滤色"混合模式，可以让画中画轨道中的画面变得更亮，从而去掉深色的画面部分，并保留浅色的画面部分。

06 选中粒子素材，在播放器的显示区域调整粒子素材的大小和位置，使粒子素材覆盖在文字上面，如图3-68所示。

图3-68

图3-70

07　播放预览视频，查看文字消散效果，如图3-69和图3-70所示。

3.3.2　镂空文字：制作炫酷的片头镂空文字

扫码看视频教学

图3-69

　　本案例介绍的是"镂空文字"的制作方法，主要使用剪映的混合模式、文本动画以及关键帧功能，下面介绍具体的操作方法。

01　在剪映中的素材库中添加一张黑色图片到视频轨道，在时间线的起始位置处添加一个文本轨道，输入相应的文字内容，如图3-71所示。

02　在文本编辑功能区中，将"字体"设置为"超级战甲"，并将"字号"的数值设置为30，如图3-72所示。

图3-71

03　在时间轴中选中文字素材，将素材的持续时长延长至4s；选中黑场素材，将素材持续时长缩短至4s，使其长度与文字素材保持一致，如图3-73所示。

04　选中文字素材，将时间线移动至0.5s的位置，在文本编辑区中单击"缩放"选项旁边的◇按钮，为视频添加一个关键帧。然后将时间线往后移动到4s的位置，在文本编辑区中将缩放选项的数值调整到500，此时剪映会自动再创建一个关键帧，如图3-74所示。完成操作后，单击"导出"按钮，将视频导出。

图3-72

图3-73

图3-74

05 在剪映中新建一个项目，导入一段背景视频素材并将其添加至时间轴；再导入上述黑场视频并将其添加至画中画轨道；在"混合模式"选项区中选择"变暗"选项，如图3-75所示。

图3-75

06 完成所有操作后，播放预览视频，查看镂空文字效果，如图3-76和图3-77所示。

图3-76

图3-77

3.3.3 卡拉 OK：制作卡拉 OK 文字效果

扫码看视频教学

本案例介绍的是"镂空文字"的制作方法，主要使用剪映的混合模式、文本动画以及关键帧功能，下面介绍具体的操作方法。

01 在剪映中导入视频素材并将其添加至时间轴，在音频轨道中添加一首合适的背景音乐，并调整音乐素材的持续时长，使其和视频素材的长度保持一致，如图3-78所示。

图3-78

02 单击"文本"按钮 **TI**，切换至"识别歌词"选项，单击"开始识别"按钮，如图3-79所示。

图3-79

03 稍等片刻，轨道中即可自动生成对应的歌词字幕，如图3-80所示。

图3-80

04 选择任意一段字幕素材，在播放器的显示区域调整文字的大小和位置，如图3-81所示。

图3-81

05 选中第一段文字素材，单击"动画"按钮，在"入场"动画中选择"卡拉OK"选项，并拖动"动画时长"滑块，将其数值拖至最大，如图3-82所示。

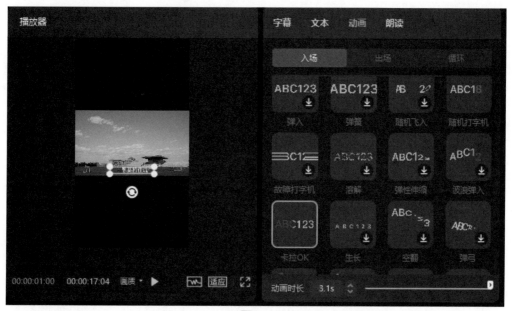

图3-82

06 参照步骤05的操作方法，为其他歌词内容添加"卡拉OK"文本动画效果，如图3-83所示。

图3-83

07 播放预览视频，查看制作的卡拉OK文字效果，如图3-84和图3-85所示。

图3-84

图3-85

提示：使用剪映的"卡拉OK"文本动画，可以制作出像真实的卡拉OK中一样的字幕动画效果，歌词字幕会根据音乐节奏一个字一个字地慢慢变换颜色。

第4章

调色效果：让视频画面更加夺目

后期调色就是对拍摄的视频进行调整，然后使视频的色彩风格一致，这是视频后期制作中的一个重要环节，但每个人调出的色调都不一样，具体的色调还得看个人的感觉，本章调色案例中的步骤和参数仅为参考，希望用户能根据调色的思路，能够举一反三。

4.1 调色原理：一级调色和二级调色

调色通常可以分为两级：一级调色和二级调色。一级调色是整体调色，二级调色是局部调色。

4.1.1 一级调色：确定视频的整体色调

一级调色就是定准，让白色是白色，黑色是黑色，也就是校色。一级调色包括调节色温、亮度、对比度、饱和度等参数，下面介绍具体的操作方法。

扫码看视频教学

01 在剪映中导入需要进行调色的素材，并将其添加到视频轨道，如图4-1所示。

图4-1

02 选中视频轨道，单击"调节"按钮，切换至"调节"功能区，如图4-2所示。

图4-2

03 根据画面的实际情况,将色温、饱和度、亮度、对比度调到合适的数值,使画面变得比较清新通透,颜色更加鲜活,具体数值参考如图4-3所示。

图4-3

04 选用HSL功能辅助矫正画面颜色,将画面中橙色元素的"饱和度"数值调低至-90,如图4-4所示。

图4-4

05 将黄色元素的"色相"数值设置为50，绿色元素的"色相"数值设置为50，"饱和度"数值设置为50，使画面中的绿色更加鲜明，如图4-5和图4-6所示。

图4-5

图4-6

06 一级调色完成后，查看画面效果，图4-7和图4-8为调色前后的对比图。

图4-7

图4-8

提示：用户在制作调色类短视频时，可以采用原视频和调色后的视频效果进行对比，这是比较常用的展现手法，通过对比能够让观众对调色效果一目了然。

扫码看视频教学

4.1.2　二级调色：使用滤镜进行风格化处理

二级调色主要调整的是高光、阴影等参数，通常还可以用到滤镜帮助做一些风格化处理，下面介绍具体的操作方法。

01 打开剪辑草稿，在一级调色的基础上，将"高光"的数值设置为-10、"阴影"的数值设置为-15、"光感"的数值设置为-10，如图4-9所示。

图4-9

> 提示：对于未编辑完成的视频素材，剪映电脑版会自动将其保存到剪辑草稿箱中，下次在其中选择该剪辑草稿即可继续进行编辑。

02 单击"滤镜"按钮，在"复古胶片"选项区中选择"普林斯顿"滤镜，添加至时间轴，并适当调整滤镜素材的持续时长，使其长度和视频的长度保持一致；在"滤镜参数"中将滤镜"强度"的数值设置为90，如图4-10所示。

图4-10

03 执行上述操作后，即可对画面进行风格化处理，图4-11和图4-12为调节前后的效果对比图。

图4-11

图4-12

4.2 调色效果：让视频画面不再单一

很多用户在对视频画面进行调色时，经常会觉得无从下手，或者调出来的短视频色调与主题不符。下面介绍6种调色效果，帮助用户更快、更好地掌握短视频的调色技巧。

4.2.1 日系动漫：解锁宫崎骏动漫风格

日系动漫的色调整体上会给人一种唯美、治愈的感觉，而且整体的颜色明亮度都是偏高的，让颜色有一种朦朦胧胧的感觉，下面介绍日系动漫风格调色的具体操作方法。

扫码看视频教学

01 在剪映中导入需要进行调色的素材，并将其添加至时间轴；单击"调节"按钮，切换至"调节"功能区，如图4-13所示。

图4-13

02 根据画面的实际情况，将饱和度、亮度、对比度、高光、阴影和锐化调到合适的数值，使画面的颜色更加鲜明，具体数值参考图4-14。

图4-14

03 单击"滤镜"按钮 ，切换至"滤镜"功能区，在"风景"选项区中选择"仲夏"滤镜，将其添加至时间轴，并适当调整滤镜素材的持续时长，使其长度与视频的长度保持一致，如图4-15所示。

图4-15

04 执行上述操作后，预览画面效果，图4-16和图4-17为调节前后的效果对比图。

图4-16

图4-17

4.2.2 赛博朋克：打造炫酷的科技感

赛博朋克是网上非常流行的色调，画面以青色和洋红色为主，即这两种色调的搭配是画面的整体主基调。下面介绍赛博朋克色调调色的具体操作方法。

01 在剪映中导入需要进行调色的素材，并将其添加至时间轴；单击"调节"按钮，切换至"调节"功能区，如图4-18所示。

图4-18

02 根据画面的实际情况，将色温、饱和度、亮度、对比度、光感和锐化调到合适的数值，使画面的颜色更加透亮，具体数值参考图4-19。

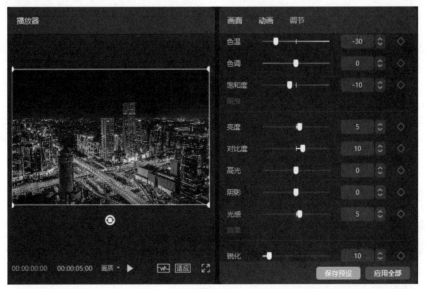

图4-19

03 单击"滤镜"按钮，在"风格化"选项区中选择"赛博朋克"滤镜；将其添加至时间轴，并适当调整滤镜素材的持续时长，使其长度与视频的长度保持一致，如图4-20所示。

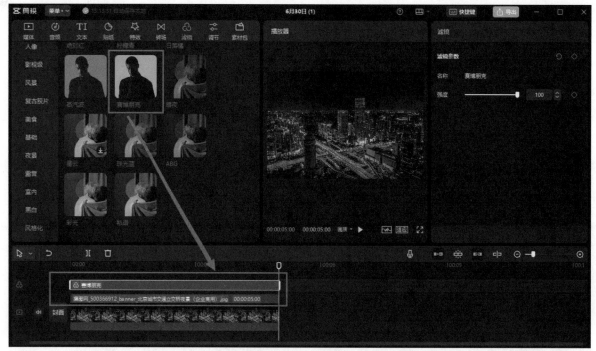

图4-20

04 执行上述操作后，预览画面效果，图4-21和图4-22为调节前后的效果对比图。

图4-21

图4-22

提示："风格化"滤镜是一种模拟真实艺术创作手法的视频调色方法，主要通过将画面中的像素进行置换，同时查找并增加画面的对比度，来生成绘画般的视频画面效果。例如，"风格化"滤镜组中的"蒸汽波"滤镜，是一种诞生于网络的艺术视觉风格，最初出现在电子音乐领域，这种滤镜色彩非常迷幻，调色也比较夸张，整体画面效果偏冷色调，非常适合渲染情绪。

4.2.3 暗黑系色调：调出街景暗黑大片

暗黑系色调是指整个视频画面的影调曝光比较暗，整体呈现暗色的影调，是一款极具氛围感的色调，适用于都市街拍以及扫街人文。下面介绍暗黑系色调调色的具体操作方法。

01 在剪映中导入需要进行调色的素材，并将其添加至时间轴；单击"调节"按钮，切换至"调节"功能区，如图4-23所示。

02 根据画面的实际情况，将色温、色调、饱和度、对比度、高光、阴影和光感调到合适的数值，使画面更具氛围感，具体数值参考图4-24。

扫码看视频教学

图4-23

图4-24

03 单击"素材库"按钮，切换至素材库选项栏，从中选择"黑场"素材，将其添加至时间轴，并移动至画中画轨道；调整黑场素材的持续时长，使其长度与视频的长度保持一致，如图4-25所示。

图4-25

04 在画面调整功能区中将"不透明度"的数值设置为20%，如图4-26所示。

图4-26

05 单击"滤镜"按钮🎨，在"黑白"选项区中选择"黑金"滤镜，将其添加至时间轴，并适当调整滤镜素材的持续时长，使其长度与视频的长度保持一致，如图4-27所示。

图4-27

06 执行上述操作后，预览画面效果，图4-28和图4-29为调节前后的效果对比图。

图4-28

图4-29

4.2.4 青橙色调：打造好莱坞大片质感

青橙色调一直都是很受广大网友喜爱的色调，放在夜景、风光、肖像摄影中都十分好看，而且在很多好莱坞电影中经常被用来描绘冲突场面。下面介绍青橙色调调色的具体操作方法。

扫码看视频教学

01 在剪映中导入需要进行调色的素材，并将其添加至时间轴；单击"调节"按钮，切换至"调节"功能区，如图4-30所示。

图4-30

02 根据画面的实际情况，将色温、饱和度、对比度、光感、锐化和暗角调到合适的数值，使画面更具氛围感，具体数值参考图4-31和图4-32。

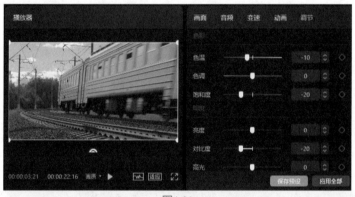

图4-31

图4-32

03 单击"滤镜"按钮，在"影视级"选项区中选择"青橙"滤镜，将其添加至时间轴，并适当调整滤镜素材的持续时长，使其长度与视频的长度保持一致，如图4-33所示。

图4-33

04 执行上述操作后，预览画面效果，图4-34和图4-35为调节前后的效果对比图。

图4-34

图4-35

4.2.5 森系色调：高清森系色调突出主体

扫码看视频教学

　　森系是指贴近自然，素雅宁静，有如森林般纯净清新的感觉。森系风格也是时下非常流行的一种风格，下面介绍森系色调调色的具体操作方法。

01 在剪映中导入需要进行调色的素材，并将其添加至时间轴；单击"调节"按钮，切换至"调节"功能区，如图4-36所示。

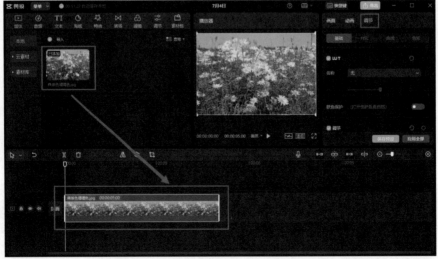

图4-36

02 根据画面的实际情况，将色温、色调、饱和度、亮度、对比度、锐化和暗角调到合适的数值，使画面的颜色更加鲜明，主体更加突出，具体数值参考图4-37和图4-38。

图4-37

图4-38

03 单击"滤镜"按钮，在"风景"选项区中选择"京都"滤镜，将其添加至时间轴，并适当调整滤镜素材的持续时长，使其长度与视频的长度保持一致，如图4-39所示。

图4-39

04 执行上述操作后，预览画面效果，图4-40和图4-41为调节前后的效果对比图。

图4-40

图4-41

4.2.6 港风色调：制作港风人像视频

扫码看视频教学

复古港风的画面一般都带有泛黄旧照片的感觉，光晕柔和，饱和度高，一般呈现出暗红、橘黄、蓝绿色调，一看就是有故事的感觉，下面介绍港风色调调色的具体操作方法。

01 在剪映中导入需要进行调色的素材，并将其添加至时间轴；单击"调节"按钮，切换至"调节"功能区，如图4-42所示。

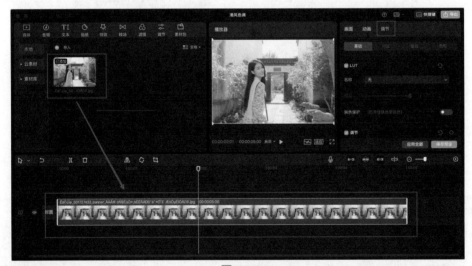

图4-42

02 根据画面的实际情况，将亮度、对比度、阴影和暗角调到合适的数值，为画面营造一种复古的氛围感，具体数值参考图4-43。

图4-43

03 单击"素材库"，切换至素材库选项栏，从中选择"白场"素材，将其添加至时间轴，并移动至画中画轨道；在播放器中调整白场素材的大小，使其覆盖住视频画面，如图4-44所示。

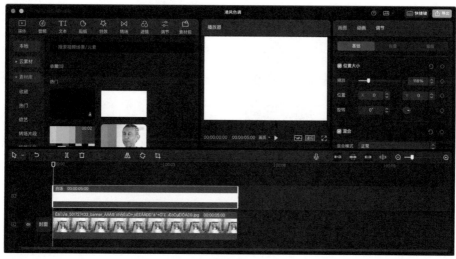

图4-44

04 在画面调整功能区中将"不透明度"的数值设置为20%，如图4-45所示。

图4-45

05 单击"滤镜"按钮，在"复古胶片"选项区中选择"港风"滤镜，将其添加至时间轴，并适当调整滤镜素材的持续时长，使其长度与视频的长度保持一致，如图4-46所示。

图4-46

06 执行上述操作后，预览画面效果，图4-47和图4-48为调节前后的效果对比图。

图4-47　　　　　　　　　　　　图4-48

第5章

合成效果：画面合成创意无极限

在制作短视频时，用户可以在剪映中使用蒙版、画中画和色度抠图等工具来制作合成特效，这样能够让短视频更加炫酷、精彩，例如常见的人物分身合体和穿越时空效果。本章介绍剪映常用的合成方法，帮助用户制作更加有吸引力的短视频。

5.1 智能抠像和色度抠图

"智能抠像"功能可以快速将人物从画面中抠出来，从而进行替换人物背景等操作。"色度抠图"功能可以将在绿幕或者蓝幕下的景物快速抠取出来，方便进行画面的合成。下面详细介绍这两种功能的使用方法。

5.1.1 分身合体：使用智能抠像制作人物分身合体效果

本案例介绍的是"人物分身合体"效果的制作方法，主要使用剪映的定格和智能抠像功能，下面介绍具体的操作方法。

01 打开剪映的视频编辑界面，单击"素材库"按钮，打开素材库选项栏，从中选择一段人物走路的视频素材，将其添加至时间轴，如图5-1所示。

图5-1

02 将时间线移动至想要定格的位置，单击"定格"按钮🔲，执行操作后，即可在轨道中生成定格片段，如图5-2和图5-3所示。

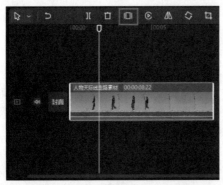

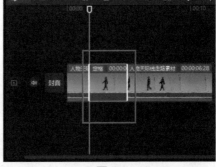

图5-2   图5-3

03 将定格片段拖曳至画中画轨道，与主视频轨道对齐，并适当调整定格片段的持续时长，使其长度和主视频轨道中的第1段素材的长度保持一致，如图5-4所示。

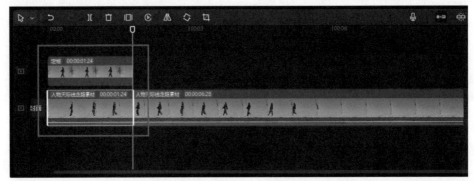

图5-4

04 将时间线移动至第2个想要定格的位置，单击"定格"按钮 ▣，执行此操作后，即可在轨道中生成第2个定格片段，如图5-5和图5-6所示。

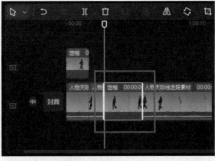

图5-5   图5-6

05 将定格片段拖曳至画中画轨道，并适当调整其持续时长，使定格片段的尾端与主视频轨道中的第2段素材的尾端对齐，如图5-7所示。

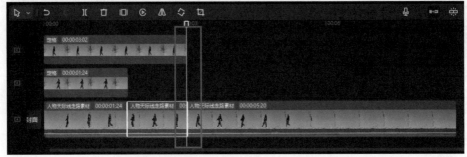

图5-7

06 参照步骤04和步骤05的操作方法，制作出第3个定格片段，如图5-8所示。

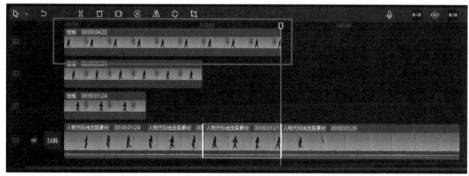

图5-8

07 在时间轴中选中第1个定格片段，单击"抠像"按钮，在抠像功能区中选中"智能抠像"单选按钮，如图5-9所示。

图5-9

08 参照步骤07对剩余的两个定格片段进行抠像处理，执行操作后，画面中将会同时出现4个人物，如图5-10所示。

图5-10

09 完成所有操作后，即可制作出人物分身合体的效果，播放预览视频，效果如图5-11和图5-12所示。

图5-11

图5-12

5.1.2 鲸鱼飞天：使用色度抠图制作鲸鱼飞天合成效果

扫码看视频教学

本案例介绍的是"鲸鱼飞天"效果的制作方法，主要使用剪映的画中画和色度抠图功能，下面介绍具体的操作方法。

01 在剪映中导入背景视频素材并将其添加到时间轴，单击"素材库"按钮，打开素材库选项栏，从中选择一段鲸鱼的绿幕素材，将其添加至时间轴并拖曳至画中画轨道，如图5-13所示。

图5-13

02 单击"抠像"按钮，在抠像功能区中选中"色度抠图"单选按钮，并单击"取色器"按钮 ；在播放器的显示区域中，将取色器置于画面中的绿色区域，单击，取色器旁边便会出现一个绿色的方块，如图5-14所示。

03 拖曳"强度"滑块，将其参数设置为100，视频画面中的绿色便会被去除，如图5-15所示。

04 单击"调节"按钮，然后单击"HSL"按钮，选取绿色元素，拖曳"饱和度"滑块，将其参数设置为-100，即可将鲸鱼身上残留的绿色去除，如图5-16所示。

05 选中鲸鱼素材，在播放器的显示区域中，将鲸鱼调整至合适的大小和位置，如图5-17所示。

图5-14

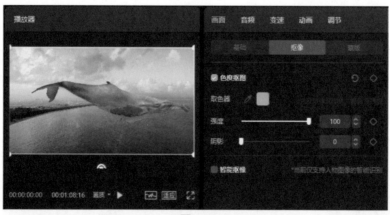

图5-15

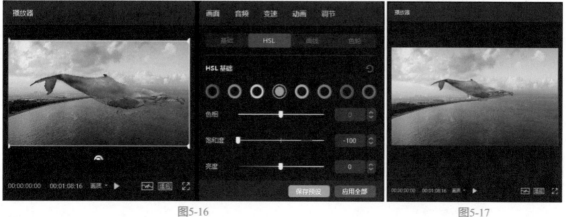

图5-16   图5-17

06 单击"音频"按钮◎，在剪映的音乐库中选择一首合适的音乐，将其添加至时间轴，并在时间轴中调整素材的持续时长，使音频素材、视频素材以及绿幕素材的长度保持一致，如图5-18所示。

图5-18

07 完成所有操作后，即可制作出鲸鱼飞天的合成效果，播放预览视频，效果如图5-19所示。

图5-19

5.1.3　穿越手机：制作穿越手机屏幕的片头效果

扫码看视频教学

本案例介绍的是"穿越手机屏幕"片头的制作方法，主要使用剪映的绿幕素材以及画中画和色度抠图功能，下面介绍具体的操作方法。

01 在剪映中导入一段视频素材，并将其添加至时间轴，如图5-20所示。

02 单击"素材库"按钮，打开素材库选项栏，从中选择一段手机的绿幕素材，将其添加至时间轴并移动至画中画轨道，如图5-21所示。

03 单击"抠像"按钮，在抠像功能区中选中"色度抠图"单选按钮，并单击"取色器"按钮■；在播放器的显示区域中，将取色器置于画面中的绿色区域，单击，取色器旁边便会出现一个绿色的方块，如图5-22所示。

图5-20

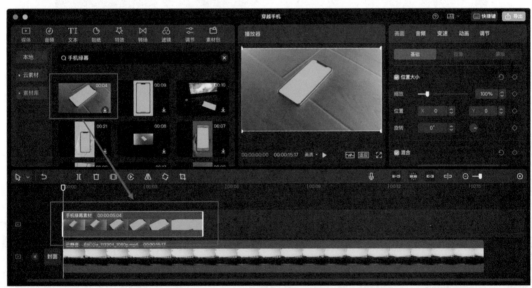

图5-21

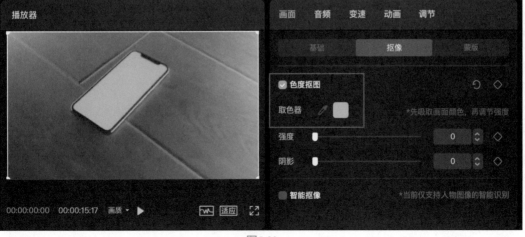

图5-22

04 拖曳"强度"滑块，将其参数设置为50，视频画面中的绿色便会被去除，如图5-23所示。

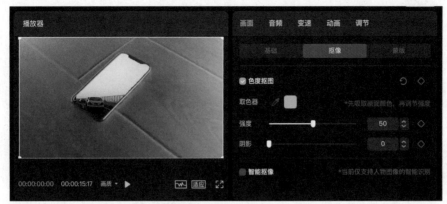

图5-23

05 单击"调节"按钮，然后单击"HSL"按钮，选取绿色元素，拖曳"饱和度"滑块，将其参数设置为-100，即可将鲸鱼身上残留的绿色去除，如图5-24所示。

图5-24

06 单击"音频"按钮🎵，在剪映的音乐库中选择一首合适的音乐，添加至时间轴，并将"淡出时长"设置为0.6s；在时间轴中调整音频素材持续时长，使其长度和视频的长度保持一致，如图5-25所示。

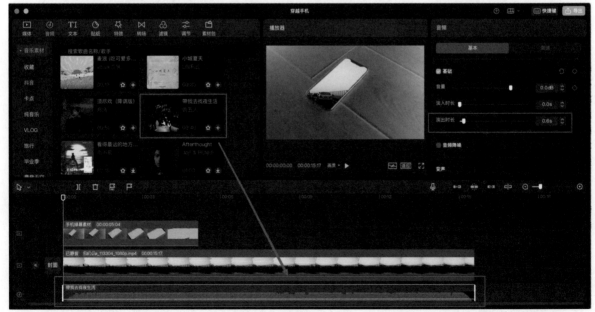

图5-25

07 完成所有操作后，即可制作出穿越手机屏幕的片头效果，播放预览视频，效果如图5-26和图5-27所示。

图5-26

图5-27

5.2 混合模式和蒙版功能

在剪映项目中，若在同一时间点的不同轨道中添加了两组视频或图像素材，可以通过调整画面的混合模式，或者同时使用蒙版和画中画功能，从而营造出一些特殊的画面效果，例如穿越效果、两个视频的融合效果、城市雪景等。

5.2.1 情景短剧：制作城市夜景情景短视频

扫码看视频教学

本案例介绍的是"城市夜景情景短视频"的制作方法，主要使用剪映的画中画和混合模式中的变亮功能，下面介绍具体的操作方法。

01 在剪映中导入两个城市夜景视频素材，并将其添加至时间轴，如图5-28所示。

图5-28

02 选中素材1，单击"变速"按钮，在"常规变速"选项中将倍数设置为2.0x；在本地素材库中单击"导入"按钮，如图5-29所示。

图5-29

03 在弹出的"请选择媒体资源"对话框中，选择"飘雪.mp4"素材，选择完成后单击"打开"按钮，将素材导入剪辑项目的素材库，如图5-30和图5-31所示。

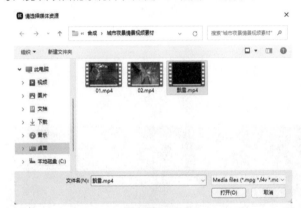

图5-30

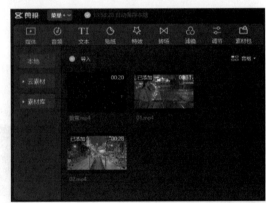

图5-31

04 将"飘雪.mp4"素材添加至画中画轨道，并单击"变速"按钮，在"常规变速"选项中将"倍数"设置为0.9x，如图5-32所示。

图5-32

05 单击"画面"按钮，在"混合模式"功能区中选择"变亮"选项，合成下雪的画面效果，如图5-33所示。

图5-33

06 单击"音频"按钮◎，在"伤感"选项区中选择一首合适的音乐，将其添加至时间轴，如图5-34所示。

图5-34

07 将时间线移动至音频素材的尾端，调整"飘雪.mp4"素材和视频素材的持续时长，使其和音频素材的长度保持一致，如图5-35所示。

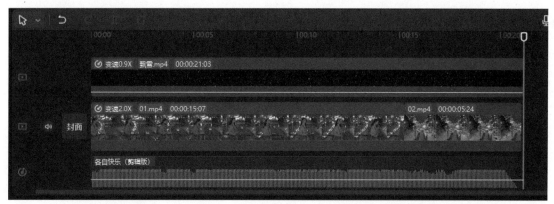

图5-35

08 完成所有操作后，即可制作出城市夜景情景短视频，播放预览视频，效果如图5-36和图5-37所示。

图5-36 · 图5-37

5.2.2 回忆画面：制作两个视频的融合效果

扫码看视频教学

本案例介绍的是"回忆画面"的制作方法，主要使用剪映的画中画、蒙版和关键帧功能，下面介绍具体的操作方法。

01 在剪映中导入两个视频素材，并将其添加至时间轴，如图5-38所示。

图5-38

02 选中素材1，将其拖曳至画中画轨道，如图5-39所示。

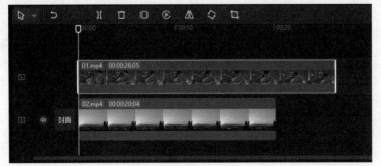

图5-39

03 单击"蒙版"按钮，切换至"蒙版"功能区，选中"圆形"蒙版，如图5-40所示。

图5-40

提示：如果对添加的蒙版不满意，可以将其删除，在蒙版选项栏中单击"无"按钮⊘即可。

04 在播放器的显示区域中，调整蒙版的大小和显示区域，并拉动⟨⟩按钮羽化蒙版边缘，使画面过渡得更加自然，如图5-41所示。

05 单击"画面"按钮，在播放器的显示区域调整画中画素材的大小，并将其移动至画面的左侧，如图5-42所示。

图5-41

图5-42

06 将时间线移动至视频2.0s的位置，单击"不透明度"旁边的◇按钮，为视频添加一个关键帧，如图5-43所示。

图5-43

07 将时间线移动至视频的起始位置，拖曳"不透明度"滑块，将其参数设置为0%，此时剪映会自动在时间线所在位置再创建一个关键帧，如图5-44所示。

图5-44

08 单击"音频"按钮⊙，在剪映的音乐库中为视频选择一首合适的音乐，将其添加至时间轴，并调整素材的持续时长，使3段素材的长度保持一致，如图5-45所示。

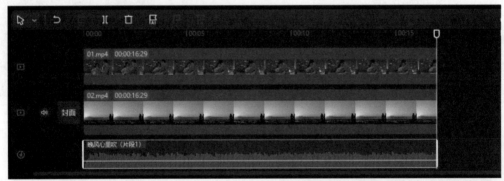

图5-45

09 完成所有操作后，即可制作出两个视频的融合效果，播放预览视频，效果如图5-46所示。

图5-46

提示：通过"画中画"功能可以让一个视频在画面中出现多个不同的画面，这是该功能最直接的利用方式。但"画中画"功能更重要的作用在于可以形成多条轨道，利用多条轨道，再结合"蒙版"功能，就可以控制画面局部的显示效果，所以，"画中画"功能与"蒙版"功能往往是同时使用的。

5.2.3 宇宙行车：合成夜间行车的星空特效

本案例介绍的是"宇宙行车"的制作方法，主要使用剪映的画中

扫码看视频教学

画和滤色功能，下面介绍具体的操作方法。

01 打开剪映的视频编辑界面，单击"素材库"按钮，打开素材库选项栏，从中选择夜间行车和宇宙星空的视频素材，将其添加至时间轴，如图5-47所示。

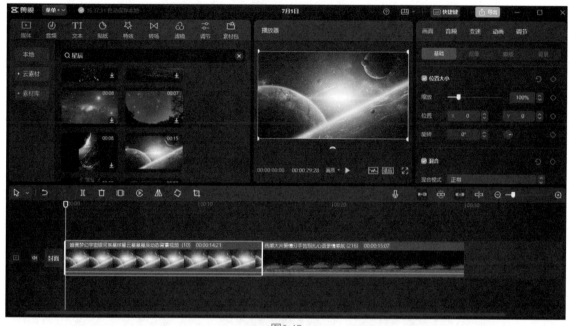

图5-47

02 将宇宙星空素材拖曳至画中画轨道，在"混合模式"功能区中选择"滤色"选项，并将"不透明度"的数值设置为80%，如图5-48所示。

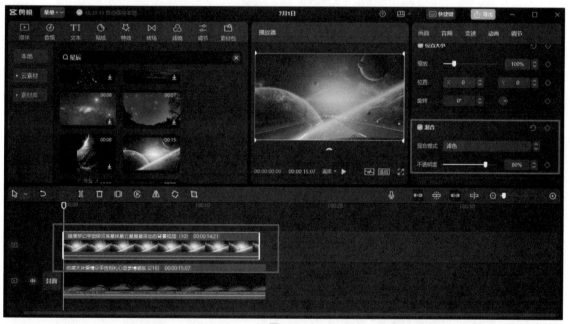

图5-48

> **提示：** 在添加画中画素材后，针对一些地平线不太明显的情况，如果想让两个画面衔接得更加自然，可以为素材应用"线性"蒙版后调整羽化值。

03 单击"蒙版"按钮，选择线性蒙版，在播放器的显示区域将线条拉动至公路尽头的位置，拖动 ⚒ 按钮羽化蒙版边缘，使画面过渡得更加自然，如图5-49所示。

图5-49

04 单击"关闭原声"按钮 🔊 ，然后单击"音频"按钮 🕐 ，在剪映的音乐库中选择一首合适的音乐，添加至时间轴，并将"淡出时长"设置为0.6s；在时间轴中调整素材的持续时长，使3段素材的长度保持一致，如图5-50所示。

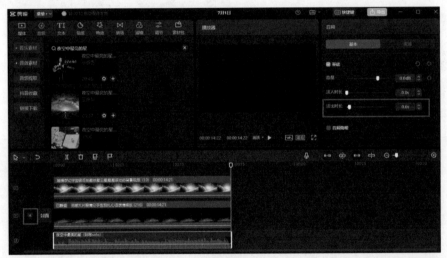

图5-50

05 完成所有操作后，即可制作出在宇宙中行车的画面效果，播放预览视频，效果如图5-51所示。

图5-51

第6章

转场效果：瞬间转换秒变技术流

剪映中包含大量的转场效果，用户在制作短视频时，可根据不同场景的需要，添加合适的转场效果，让视频素材之间的过渡更加自然、流畅，本章介绍一些常用的转场效果，帮助用户创作出更具视觉冲击力的短视频。

6.1 基础转场：制作流畅自然的美食集锦短视频

扫码看视频教学

本案例介绍的是一种比较基础的转场制作方式，主要分为两步，首先在剪映中导入多段视频或图像素材，然后在两段视频素材的中间位置添加转场效果，使视频的过渡更加自然，下面介绍具体的操作方法。

01 打开剪映的视频编辑界面，单击"素材库"按钮，在"片头"选项中选择图6-1中的视频素材，并将其添加至时间轴。

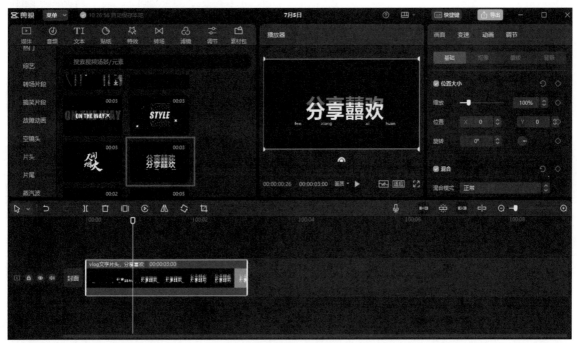

图6-1

02 将时间线移动至片头素材的尾端，在视频编辑界面中单击"本地"按钮，然后单击"导入"按钮 ⊕导入，如图6-2所示。

03 在弹出的"请选择媒体资源"对话框中，选择7个关于美食的视频素材，选择完成后单击"打开"按钮，将素材导入剪辑项目的素材库，如图6-3和图6-4所示。

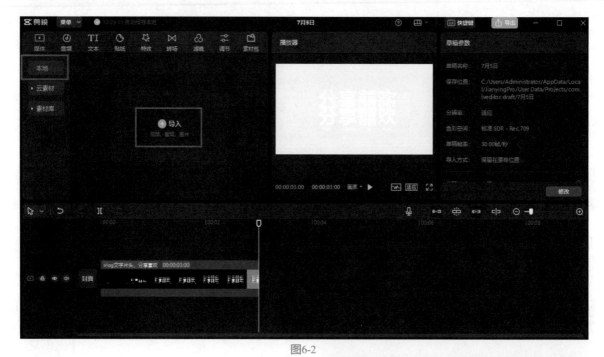

图6-2

图6-3

图6-4

04 在剪辑项目的素材库中单击素材缩览图右下角的"添加到轨道"按钮■，将7段视频素材添加至时间轴，并对视频素材进行适当的裁剪，如图6-5所示。

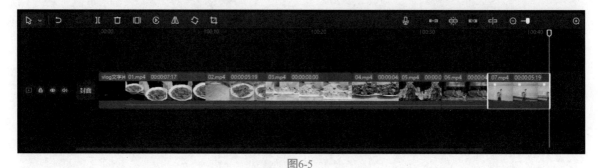

图6-5

05 选中素材1，单击"变速"按钮，在"常规变速"选项中将数值设置为3.5x，如图6-6所示。

06 参照步骤05的操作方式，将素材2的播放速度设置为2.5x，将素材3的播放速度设置为4x，将素材4的播放速度设置为2x，如图6-7所示。

07 将时间线定位至素材1和素材2的中间位置，单击"转场"按钮■，在"基础转场"选项中选择"叠化"效果，并将其添加至视频轨道，如图6-8所示。

图6-6

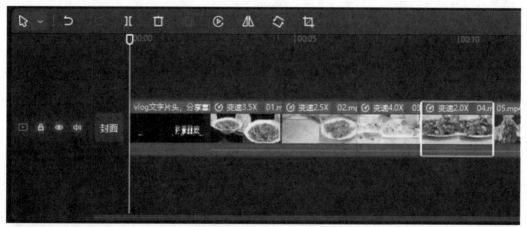

图6-7

图6-8

提示： 在添加转场效果后，用户可以通过"转场时长"滑块来调整转场效果的时长，时间越长，转场越慢。

08 将时间线定位至素材3和素材4的中间位置，在"遮罩转场"选项中选择"云朵"效果，将其添加至视频轨道，并将转场"时长"设置为1.0s，如图6-9所示。

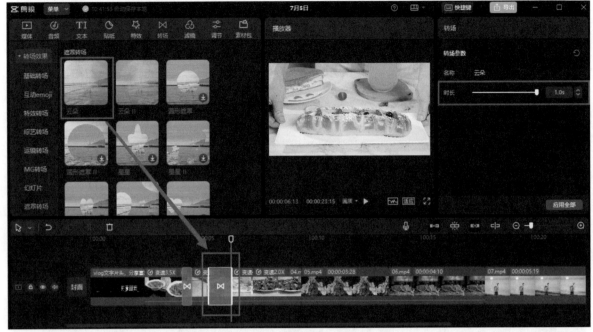

图6-9

09 参照步骤08的操作方法，在余下的视频素材中间分别添加"炫光‖""回忆""云朵‖"以及"色差逆时针"转场效果，如图6-10所示。

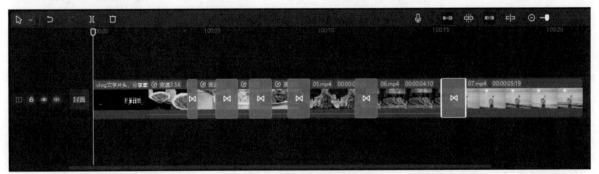

图6-10

10 完成所有操作后，再为视频添加一首合适的音乐，播放预览视频，效果如图6-11～图6-13所示。

图6-11

图6-12

图6-13

提示： 转场可以在两个视频素材之间创建某种过渡效果，让素材之间的过渡更加生动、自然，使视频片段之间的播放效果更加流畅。

6.2 无缝转场：婚礼画面无缝衔接转场

本案例介绍的是一种"无缝转场"的制作方法，主要使用剪映的不透明度和关键帧功能，下面介绍具体的操作方法。

01 在剪映中导入4段"婚礼"的视频素材，将其添加到时间轴，并适当调整素材的持续时长，如图6-14所示。

图6-14

02 选中素材1，单击"变速"按钮，在"常规变速"选项中将数值设置为3x，并参照此操作方式，将素材2的播放速度设置为4.0x，如图6-15所示。

图6-15

03 将素材2移动至画中画轨道，置于素材1和素材3的中间位置；将时间线定位至素材1的尾部，选中画中画轨道，单击"不透明度"旁边的 ◆ 按钮，为视频创建一个关键帧，如图6-16所示。

图6-16

04 将时间线移动至画中画素材开始的位置，拖曳"不透明度"滑块，将数值设置为0%，剪映将会自动在时间线所在的位置再创建一个关键帧，如图6-17所示。

图6-17

05 参照步骤03和步骤04的操作方式，将余下两段视频素材移动至画中画轨道，并创建关键帧，如图6-18所示。

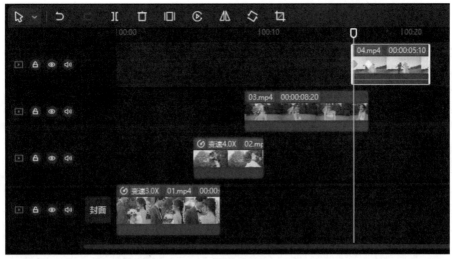

图6-18

06 单击"音频"按钮⊙，在剪映的音乐库中选择一首合适的音乐，将其添加至时间轴，并适当调整音频素材的持续时长，使其和视频素材长度保持一致，如图6-19所示。

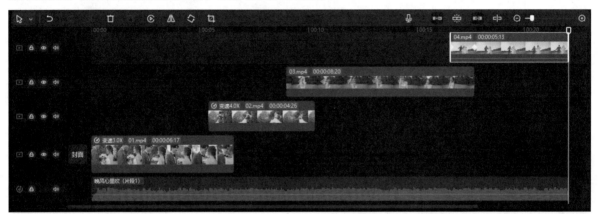

图6-19

07 完成所有操作后，即可制作出无缝转场的婚礼短视频，播放预览视频，效果如图6-20和图6-21所示。

图6-20

图6-21

6.3 水墨转场：制作古风人物出场效果

本案例介绍的是一种"水墨转场"的制作方法，主要使用水墨素材和剪映的滤色功能，下面介绍具体的操作方法。

扫码看视频教学

01 在剪映中导入4个"古风人物"视频素材,并将其添加至视频轨道中;单击"变速"按钮,在"常规变速"选项中将素材1和素材2的播放速度设置为2.0x,如图6-22所示。

图6-22

02 在剪映中导入水墨素材,将其添加至时间轴并拖曳至画中画轨道;在播放器的显示区域调整水墨素材的大小和位置,使其覆盖整个视频画面;执行此操作后,在"混合模式"功能区中选择"滤色"选项,如图6-23所示。

图6-23

03 将时间线定位至水墨素材的尾部,选中素材1,对素材进行适当的剪辑,保留需要使用的画面内容,并使其长度与水墨素材保持一致,如图6-24所示。

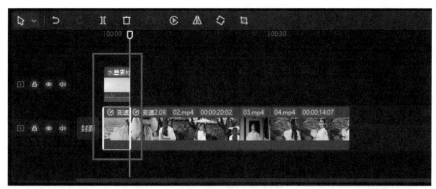

图6-24

04 复制水墨素材，将其粘贴至第一段水墨素材的后方；单击◎按钮，将轨道区域放大，移动时间线定位至水墨将要散开的位置，单击"分割"按钮Ⅱ，选择分割出来的前半段素材，单击"删除"按钮回，如图6-25所示。

图6-25

05 将时间线定位至第2段水墨素材的尾端，选中素材2，对素材进行适当的剪辑，使其和第2段水墨素材的长度保持一致，如图6-26所示。

图6-26

06 参考步骤04和步骤05的操作方式，制作余下两段古风人物视频的出场效果，如图6-27所示。

图6-27

07 单击"音频"按钮◎，在"国风"选项区中选择一首合适的音乐，将其添加至时间轴，并适当调整素材的持续时长，使其和视频的长度保持一致，如图6-28所示。

图6-28

08 完成所有操作后，即可制作出的古风人物的出场效果，播放预览视频，效果如图6-29和图6-30所示。

图6-29 图6-30

6.4 裂缝转场：利用物体遮挡切换时空

本案例介绍的是一种"裂缝转场"的制作方法，主要使用裂缝素材和剪映的滤色以及蒙版功能，下面介绍具体的操作方法。

扫码看视频教学

01 在剪映中导入两个视频素材，并将其添加至视频轨道，如图6-31所示。

图6-31

02 单击"素材库"按钮，打开素材库选项栏，从中选择"裂缝"素材，将其添加至时间轴，并移动至画中画轨道，在"混合模式"功能区中选择"滤色"选项，如图6-32所示。

图6-32

03 将时间线定位至视频中裂缝将要散开的位置，将素材2拖曳至画中画轨道；选中"蒙版"单选按钮，选择"矩形"蒙版，如图6-33所示。

图6-33

04 在播放器的显示区域调整蒙版的形状和位置，使其和裂缝素材重合；拖动 ⟡ 按钮适当调整蒙版羽化值；单击"大小"选项旁边的 ◈ 按钮，为视频创建一个关键帧，如图6-34所示。

05 将时间线定位至裂缝素材的尾端，将蒙版的"宽度"数值设置为1848，剪映将会自动在时间线所在位置再创建一个关键帧，如图6-35所示。

06 将时间线定位至视频中裂缝完全裂开的位置，单击"音频"按钮 ◔，在剪映的音乐库中选择一首合适的音乐，将其添加至时间轴，并适当调整素材的持续时长，使其尾端与视频的尾端对齐，如图6-36所示。

图6-34

图6-35

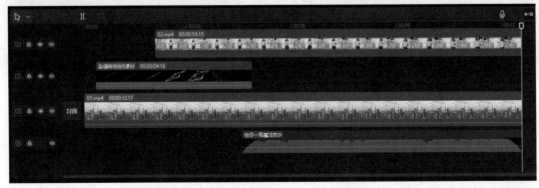

图6-36

07 完成所有操作后，即可制作出裂缝转场效果，播放预览视频，效果如图6-37和图6-38所示。

图6-37

图6-38

6.5 蒙版转场：制作人物穿越时空效果

扫码看视频教学

本案例介绍的是一种"蒙版"的制作方法，主要使用剪映的蒙版和关键帧功能，下面介绍具体的操作方法。

01 打开剪映的视频编辑界面，单击"素材库"按钮，打开素材库选项栏，从中选择"女孩奔跑"和"情侣"的视频素材，并将其添加至视频轨道，如图6-39所示。

图6-39

02 将"女孩奔跑"的素材移动至画中画轨道，时间线定位至画中画视频的起始位置，选中"蒙版"单选按钮，选择"线性"蒙版，在播放器的显示区域将蒙版旋转120°，并拖动按钮，适当调整蒙版的羽化值，如图6-40所示。

03 在播放器的显示区域将蒙版移动至左上角，单击"位置"选项旁边的◀按钮，为视频创建一个关键帧，如图6-41所示。

04 将时间线移动至6秒处，在播放器的显示区域将蒙版移动至右下角，剪映将会自动在时间线所在位置再创建一个关键帧，如图6-42所示。

05 在时间轴中选中"情侣"素材，单击"镜像"按钮◀▶，改变视频中人物所处的位置，如图6-43所示。

图6-40

图6-41

图6-42

图6-43

06 在时间轴中单击 🔊 按钮，关闭视频原声，然后单击"音频"按钮 🎵，在剪映的音乐库中选择一首合适的音乐，将其添加至时间轴，并适当调整音频素材的持续时长，使其和"情侣"素材的长度保持一致，如图6-44所示。

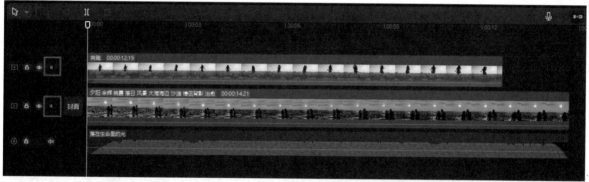

图6-44

07 完成所有操作后，即可制作出的人物穿越时空的效果，播放预览视频，效果如图6-45和图6-46所示。

图6-45

图6-46

第7章

特效功能：酷炫特效打造影视感

经常看短视频的人会发现，很多热门的短视频都添加了一些好看的特效，这些特效不仅丰富了短视频的画面元素，而且让视频变得更加炫酷。本章介绍一些剪映常用的特效的使用方法，帮助用户制作出画面更加丰富的短视频。

7.1 冬天变夏天：使用自然特效制作季节转换效果

扫码看视频教学

本案例介绍的是"季节转换"效果的制作方法，主要使用剪映的自然特效、滤镜，以及关键帧功能，下面介绍具体的操作方法。

01 在剪映中导入一段夏日行车的视频素材，并将其添加至时间轴，如图7-1所示。

图7-1

02 复制视频素材，将其粘贴至画中画轨道；单击"滤镜"按钮，在"黑白"选项区中选择"默片"滤镜；按住鼠标左键，将其拖曳至视频素材的缩览图上，如图7-2所示。

> 提示：若是剪辑项目中有多个素材，将特效拖曳至某一素材的缩览图上，则该特效只能应用到所选素材；若想将特效应用至所有素材，则必须单击特效缩览图中的"添加"按钮，在轨道中生成一段可以调节时长和位置的特效素材，用户可以自行调整特效的应用范围。

图7-2

03 将时间线定位至视频开始的位置，单击"特效"按钮，在"自然"选项区中选择"大雪纷飞"特效，将其添加至时间轴，如图7-3所示。

图7-3

04 选中画中画素材，将时间线定位在视频开始的位置，拖动"不透明度"滑块，将数值设置为0%，单击"不透明度"选项旁边的◎按钮，为视频创建一个关键帧，如图7-4所示。

05 将时间线移动至主视频素材的尾端，拖动"不透明度"滑块，将数值设置为100%，剪映将会自动在时间线所在位置再创建一个关键帧，如图7-5所示。

06 将时间线定位至视频中冬季和夏季过渡的位置，单击"特效"按钮，在"自然"选项区中选择"晴天光线"特效，将其添加至时间轴，如图7-6所示。

07 选中"晴天光线"特效素材，拖动素材尾部，将素材延长至视频结束的位置，如图7-7所示。

08 将"大雪纷飞"特效素材移动至"晴天光线"特效素材的上方，拖动素材尾部，将素材延长至视频中光线渐强的位置，如图7-8所示。

09 将时间线定位至视频的起始位置，单击"音频"按钮⏱，在剪映的音乐库中选择一首合适的音乐，添加至时间轴，并在时间轴中调整特效素材、视频素材和画中画素材的材持续时长，使其长度和音乐素材的长度保持一致，如图7-9所示。

10 完成所有操作后，即可制作出冬天渐变成夏天的季节转换效果，播放预览视频，效果如图7-10和图7-11所示。

图7-4

图7-5

图7-6

图7-7

图7-8

图7-9

图7-10

图7-11

7.2 特效变装：制作人物变装短视频

扫码看视频教学

本案例介绍的是"特效变装"的制作方法，主要使用剪映的氛围特效、转场效果，以及动画功能，下面介绍具体的操作方法。

01 在剪映中添加7张图像素材并添加至时间轴（素材需是同一人物，后6张图像的服装需统一且与第1张图像的服装区分开），如图7-12所示。

图7-12

02 将时间线定位至视频的起始位置，单击"特效"按钮，在"氛围"选项区中选择"关月亮"特效，并将其添加至时间轴；调整素材1的持续时长，使其与特效素材的长度保持一致，如图7-13所示。

图7-13

03 将时间线定位至素材2的中间位置，单击"分割"按钮▯，将素材一分为二，如图7-14所示。

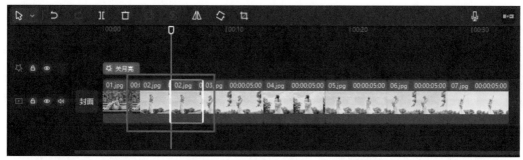

图7-14

04 将时间线定位至特效素材的尾端，在"氛围"选项区中选择"星火Ⅱ"特效，并将其添加至时间轴；选中分割出来的前半段素材，并调整素材的持续时长，使其与"星火Ⅱ"素材的长度保持一致，如图7-15所示。

图7-15

05 选中分割出来的前半段素材，单击"动画"按钮，在"入场"动画选项中选择"动感放大"效果，拖动"动画时长"滑块，将数值拉至最大，如图7-16所示。

图7-16

06 将时间定位至"星火Ⅱ"素材的尾端，在"氛围"选项区中选择"梦蝶"特效，将其添加至时间轴，并在相同的位置为视频添加"夏日泡泡Ⅰ"特效，将其置于"梦蝶"特效素材的上方，长度与"梦蝶"特效素材保持一致，如图7-17所示。

图7-17

07 将素材3～素材7的持续时长均调整为2.15s，将时间线定位至素材2与素材3的中间位置，单击"转场"按钮☒，在"基础转场"选项区中选择"叠化"效果，将其添加至时间轴，并单击"应用全部"按钮，如图7-18所示。

图7-18

08 在时间轴中调整"夏日泡泡Ⅰ"和"梦蝶"特效素材的持续时长，使其尾部与视频素材的尾部对齐，如图7-19所示。

09 执行上述操作后，再为视频添加一首合适的音乐，即可制作出特效变装效果，播放预览视频，效果如图7-20和图7-21所示。

图7-19

图7-20

图7-21

扫码看视频教学

7.3 荧光线描：制作唯美的漫画荧光线描效果

本案例介绍的是"荧光线描"效果的制作方法，主要使用剪映的动画、滤色，以及特效功能，下面介绍具体的操作方法。

01 在剪映中导入一张图像素材并将其添加至时间轴，将时间线定位至视频的2s处，单击"分割"按钮 Ⅱ，将素材一分为二，如图7-22所示。

图7-22

02 选中分割出来的前半段素材，右击，在弹出的快捷菜单中选择"复制"选项，将复制的素材粘贴至画中画轨道，并将其移动至前半段素材的上方；在"混合模式"选项区中选择"滤色"选项，如图7-23所示。

图7-23

03 选中视频轨道中的第一段素材，单击"特效"按钮❈，在"漫画"选项区中选择"黑白漫画Ⅱ"特效，按住鼠标左键，将其拖曳至视频轨道中的第一段素材的缩览图上，这样就完成了特效的调用，如图7-24所示。

图7-24

04 选中画中画素材，单击"特效"按钮❈，在"热门"选项区中选择"荧光线描"特效，按住鼠标左键，将其拖曳至画中画素材的缩览图上，如图7-25所示。

05 选中主视频轨道中的第2段素材，将素材的持续时长调整为1s；单击"特效"按钮❈，在"氛围"选项区中选择"星火炸开"特效，按住鼠标左键，将其拖曳至主视频轨道区域的第2段素材的缩览图上，如图7-26所示。

06 选中画中画素材，单击"动画"按钮，在"入场"动画选项中选择"向左滑动"效果，拖动"动画时长"滑块，将数值拉至最大，如图7-27所示。

07 选中主视频轨道中的第1段素材，单击"动画"按钮，在"入场"选项中选择"向右滑动"效果，拖动"动画时长"滑块，将数值拉至最大，如图7-28所示。

图7-25

图7-26

图7-27

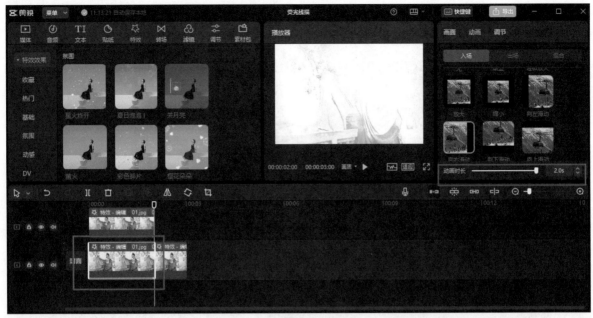

图7-28

08 选中轨道中的所有素材，右击，在弹出的快捷菜单中选择"复制"选项，将复制的素材粘贴至第一组素材的后方，如图7-29所示。

09 选中复制的任意一段素材，右击，在弹出的快捷菜单中选择"替换片段"选项，将选中的素材替换成新的素材，按照上述方式，将复制的素材片段全部替换成新的素材，如图7-30所示。

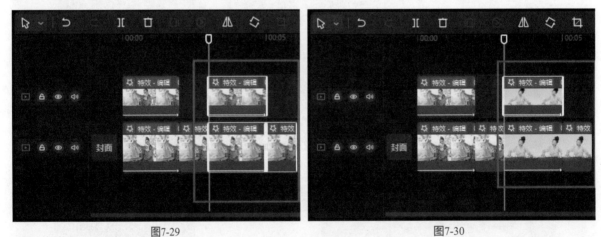

图7-29　　　　　　　　　　　　　　　　　　　图7-30

10 参照步骤08和步骤09的操作方法，在轨道区域复制出第3和第4组素材，并将其替换成新的图像素材，如图7-31所示。

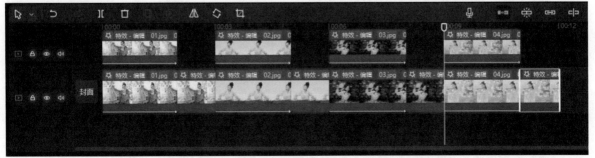

图7-31

11 执行上述操作后，再为视频添加一首合适的音乐，播放预览视频，效果如图7-32和图7-33所示。

图7-32

图7-33

7.4 定格动画：模拟漫画人物出场效果

扫码看视频教学

本案例介绍的是"漫画人物出场"效果的制作方法，主要使用剪映的定格、智能抠像、滤镜、关键帧，以及特效功能，下面介绍具体的操作方法。

01 在剪映中导入一段视频素材并添加至时间轴，将时间线移动至需要进行定格的位置，单击"定格"按钮，轨道中即可生成一段时长为3s的定格片段，如图7-34所示。

图7-34

02 选中定格片段后面多余的素材片段，单击"删除"按钮，如图7-35所示。执行此操作后，即可将多余的素材片段删除。

03 选中定格片段，右击，在弹出的快捷菜单中选择"复制"选项，将复制的素材粘贴至画中画轨道，并将其移动至定格片段的上方，如图7-36所示。

04 选择画中画素材，单击"抠像"按钮，在抠像功能区中选中"智能抠像"单选按钮，如图7-37所示。

05 选中主视频轨道中的定格片段，单击"特效"按钮，在"热门"选项区中选择"动感模糊"特效，按住鼠标左键，将其拖曳至定格片段的缩览图上，如图7-38所示。

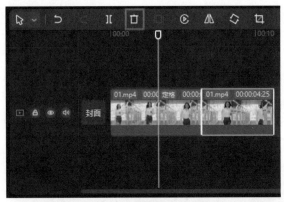

图7-35

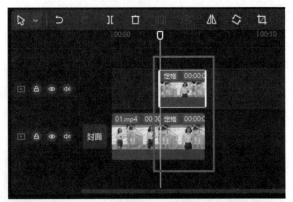

图7-36

图7-37

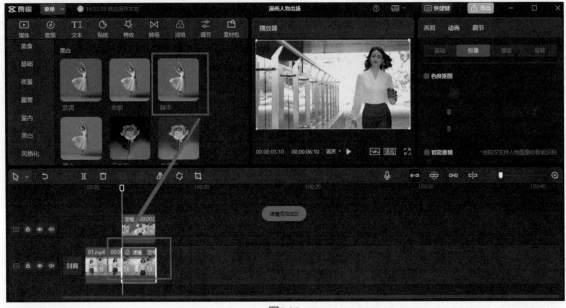

图7-38

06 选中主视频轨道中的定格片段，单击"滤镜"按钮❷，在"黑白"选项区中选择"赫本"滤镜，按住鼠标左键，将其拖曳至定格片段的缩览图上，如图7-39所示。

图7-39

07 选中画中画素材，将时间线定位至素材片段开始的位置，单击"缩放"选项旁边的◇按钮，为视频创建一个关键帧，如图7-40所示。

图7-40

08 将时间线移动至视频5s的位置，在播放器的显示区域将视频画面放大，此时剪映会自动在时间线所在位置再创建一个关键帧，如图7-41所示。

图7-41

09 选中画中画素材，单击"特效"按钮⚡，在"热门"选项区中选择"边缘发光"特效，按住鼠标左键，将其拖曳至定格片段的缩览图上，如图7-42所示。

图7-42

10 选中主视频轨道中的定格片段，拖动"不透明度"滑块，将数值调整为45%，如图7-43所示。

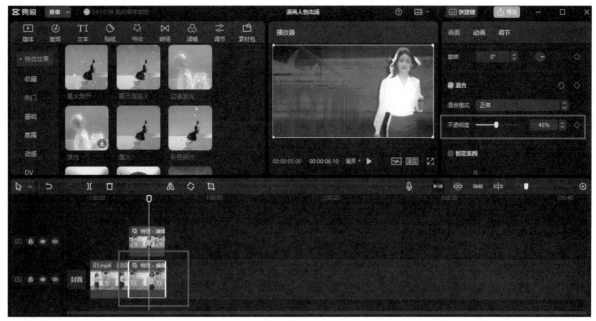

图7-43

⑪ 将时间线移动至画中画素材的起始位置，单击"文本"按钮TI，在"新建文本"选项中单击"默认文本"中的"添加"按钮，添加一个文本轨道；在"文本编辑"功能区的文本框中根据需要输入相应的文字，并将"字体"设置为"日文情书"，如图7-44所示。

图7-44

⑫ 在"预设样式"选项中选择一款合适的文本样式，在播放器的显示区域将文字素材调整至合适的大小和位置，并在轨道区域调整素材的持续时长，使其和画中画素材的长度保持一致，如图7-45所示。

图7-45

13 参照上述操作方法，制作余下3个人物的出场效果，如图7-46所示。

图7-46

14 执行上述操作后，再为视频添加一首合适的音乐，播放预览视频，效果如图7-47和图7-48所示。

图7-47

图7-48

7.5 相册翻页：使用边框特效制作相册翻页效果

本案例介绍的是"相册翻页"效果的制作方法，主要使用剪映的边框特效和转场功能，下面介绍具体的操作方法。

扫码看视频教学

01 在剪映中导入6段视频素材，将其添加至时间轴，并将每段素材的时长都调整为5s，如图7-49所示。

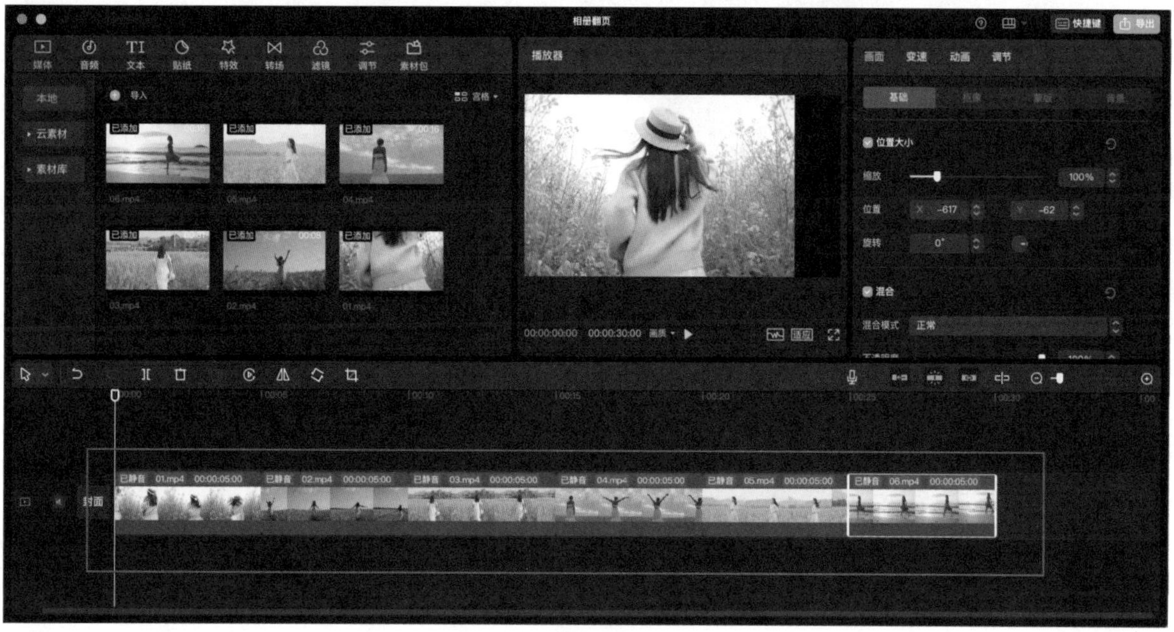

图7-49

02 将时间线定位至视频开始的位置，单击“特效”按钮，在“边框”选项区中选择“相纸”特效，将其添加至时间轴，如图7-50所示。

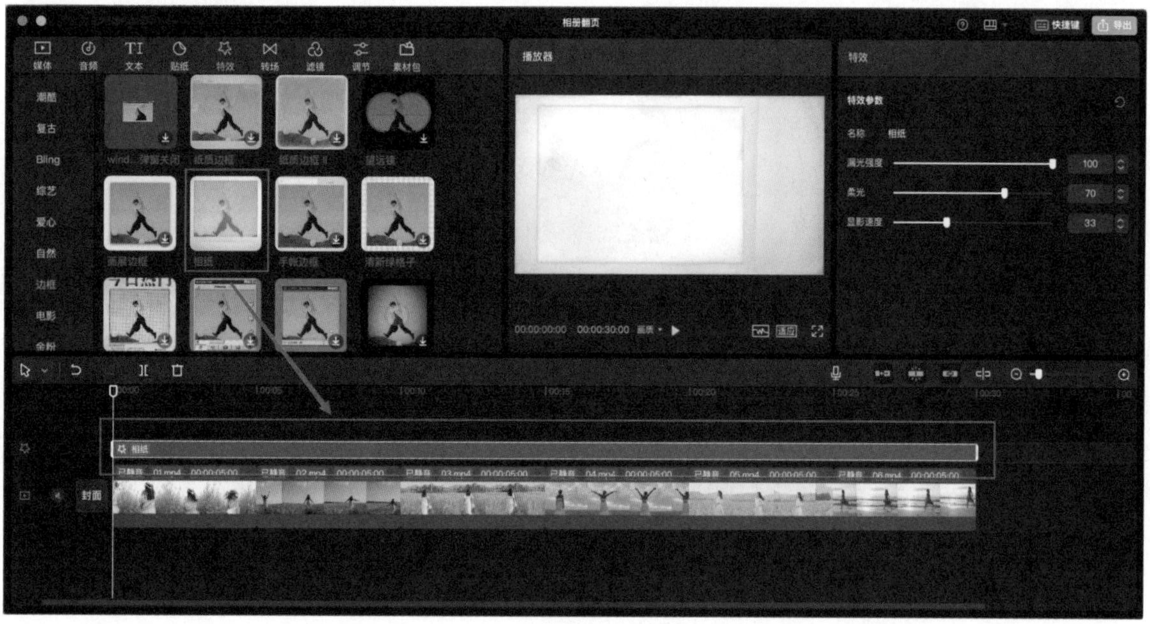

图7-50

03 将时间定位至视频开始的位置，单击“贴纸”按钮，选择一些夏日主题的贴纸素材，添加至时间轴，在播放器的显示区域中调整贴纸素材的大小和位置，并在时间轴中调整贴纸素材的持续时长，使其长度和视频的长度保持一致，如图7-51所示。

04 将时间线定位至第1段视频素材和第2段视频素材的中间位置，单击“转场”按钮，在“幻灯片”选项区中选择“翻页”效果，将其添加至时间轴，设置“时长”为1.5s；单击“应用全部”按钮，在余下的每段素材中间添加“翻页”转场，如图7-52所示。

提示：当用户想将某一转场效果应用于所有视频片段之间时，可以单击“应用全部”按钮。

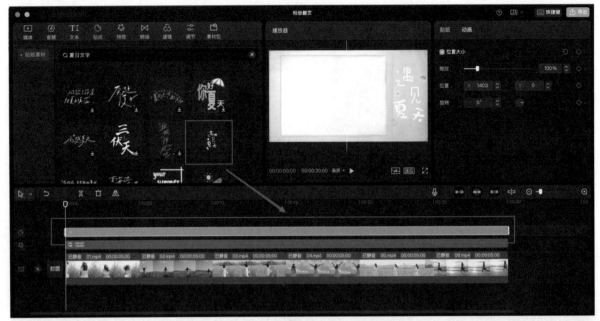

图7-51

图7-52

05 将时间线定位至第一个转场效果的起始位置，单击"音频"按钮 🔘，切换至"音效素材"选项区，从中选取一段翻书的声效，将其添加至时间轴，并参照上述操作方式，在每个转场效果的位置添加翻书的音效，如图7-53所示。

06 将时间线定位至视频的起始位置，单击"音频"按钮 🔘，在剪映的音乐库中选择一首合适的音乐，添加至时间轴，将"音量"调低至-10.0dB，并将"淡出时长"设置为1.0s；在时间轴中调整音频素材持续时长，使其长度和视频的长度保持一致，如图7-54所示。

图7-53

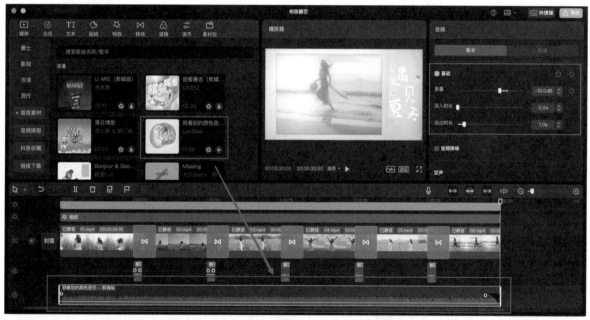

图7-54

07 完成所有操作后，播放预览视频，效果如图7-55和图7-56所示。

图7-55

图7-56

第 8 章

卡点视频：动感视频更具感染力

卡点视频是一种非常注重音乐旋律和节奏动感的短视频，音乐的节奏感越强，用户就会更容易找到节拍点。本章介绍蒙版卡点、3D卡点、拍照卡点、变速卡点、分屏卡点这5种卡点视频的制作方法。

8.1 蒙版卡点：打造炫酷的城市灯光秀

扫码看视频教学

本案例介绍的是"城市灯光秀"的制作方法，主要使用剪映的滤镜、自动踩点和蒙版功能，下面介绍具体的操作方法。

01 在剪映中导入一张城市夜景的图像素材，并将其添加至时间轴；单击"音频"按钮 ⚫，在剪映的音乐库中选择一首合适的卡点音乐，将其添加至时间轴，如图8-1所示。

图8-1

02 单击"自动踩点"按钮 🖽，在弹出的列表中选择"踩节拍丨"选项，执行此操作后，即可在音频轨道中添加黄色的节拍点；并将背景素材和音乐素材的持续时长调整为12s，如图8-2所示。

> 提示：用户单击"自动踩点"按钮 🖽 后，系统会自动为音频打上节拍点，除此之外，用户还可以单击"手动踩点"按钮 🖽，根据音频的律动，手动为音频打上节拍点。

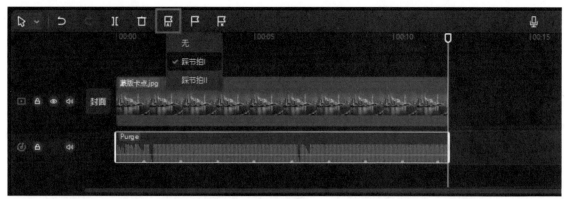

图8-2

03 选中背景素材，右击，在弹出的快捷菜单中选择"复制"选项，并将复制的素材粘贴至画中画轨道，移动至背景素材的上方，与背景素材平齐，如图8-3所示。

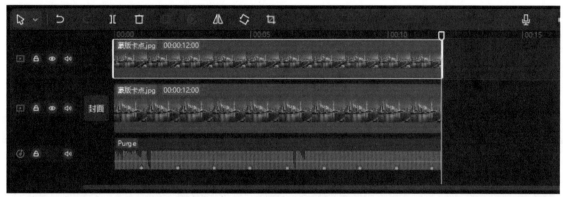

图8-3

04 选中画中画素材，单击"滤镜"按钮，在"黑白"选项区中选择"默片"滤镜，按住鼠标左键，将其拖曳至背景素材的缩览图上，如图8-4所示。

图8-4

05 选中画中画素材，根据音乐素材上的节拍点对素材进行分割，如图8-5所示。

图8-5

06 选中分割出的第1段素材，单击"蒙版"按钮，选中需要使用的蒙版形状，单击 ▣ 按钮，反转蒙版，并在播放器的显示区域调整蒙版的大小和位置，控制需要亮灯的建筑，如图8-6所示。参照上述操作方式，为余下分割出来的片段添加不同形状的蒙版。

图8-6

提示：蒙版的大意是指"蒙在上面的板子"，主要用于对画面中的某一特定局部区域进行相关操作，从而获得一些意想不到的效果，在剪映中使用不同形状的蒙版，可以实现不同样式的视频抠像合成效果。

07 完成所有操作后，播放预览视频，效果如图8-7和图8-8所示。

图8-7

图8-8

8.2 3D卡点：制作旋转的立方体相册

本案例介绍的是"旋转立方体相册"的制作方法，主要使用剪映的裁剪、组合动画、自动踩点、滤镜，以及画中画功能，下面介绍具体的操作方法。

01 在剪映中导入多个图像素材并将其添加至时间轴，单击"音频"按钮，在剪映的音乐库中选择一首合适的音乐，将其添加至时间轴；单击"自动踩点"按钮，在弹出的下拉列表中选择"踩节拍Ⅰ"选项，执行此操作后，即可在音频轨道中添加黄色的节拍点，如图8-9所示。

图8-9

02 单击播放器中的"适应"按钮，在弹出的下拉列表中选择"9：16"选项；选中素材1，在播放器的显示区域调整视频画面的大小和展现区域，使画面铺满全屏，如图8-10所示。

图8-10

03 选中素材1，调整素材的持续时长，使其尾部与音频的第2个节拍点对齐；将时间线移动至第1个节拍点，

143

单击"分割"按钮Ⅱ，再将时间线移动至第1个节拍点和第2个节拍点的中间位置，单击"分割"按钮Ⅱ，将素材一分为三，如图8-11所示。

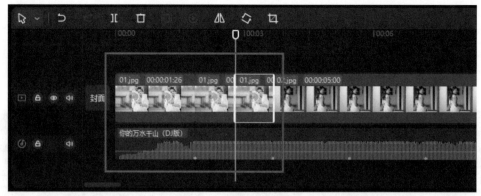

图8-11

04 将分割出的第2段素材，移动至画中画轨道，并调整素材的持续时长，使其与主视频轨道中的第1段素材的长度保持一致；选中画中画轨道，单击"裁剪"按钮🔲，如图8-12所示。

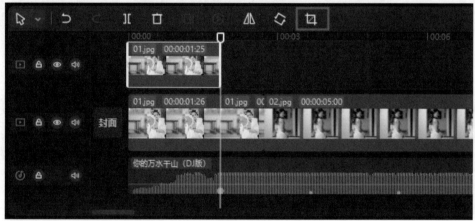

图8-12

05 在"裁减比例"的下拉列表中选择"1∶1"选项，在裁剪框中调整图像的大小和位置，单击"确定"按钮，如图8-13所示。

06 选中画中画素材，单击"动画"按钮，在"组合"选项区中选择"水晶Ⅱ"效果，并将"动画时长"调整为1.9s，如图8-14所示。

图8-13

图8-14

07 选中素材1，单击"滤镜"按钮🖼，在"黑白"选项区中选择"牛皮纸"滤镜，按住鼠标左键，将其拖曳至素材1的缩览图上，如图8-15所示。

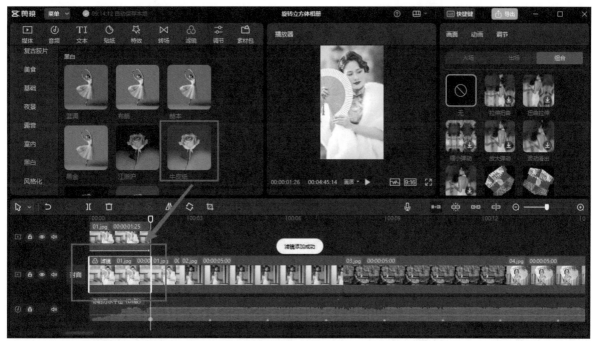

图8-15

08 选中画中画素材，单击"特效"按钮，在"氛围"选项区中选择"星光绽放"特效，按住鼠标左键，将其拖曳至画中画素材的缩览图上，如图8-16所示。

图8-16

09 将时间线定位至画中画素材的尾端，单击"特效"按钮，在"氛围"选项区中选择"星河"特效，将其添加至时间轴，并适当调整特效素材的持续时长，使其和素材2长度保持一致，如图8-17所示。

10 参照步骤02～步骤09的操作方法，制作余下7张图像素材的立方体相册效果，并适当调整音乐素材的持续时长，使其和视频的长度保持一致，如图8-18所示。

11 完成所有操作后，播放预览视频，效果如图8-19和图8-20所示。

图8-17

图8-18

图8-19

图8-20

8.3　变速卡点：制作丝滑的曲线变速卡点视频

本案例介绍的是"曲线变速卡点"的制作方法，主要使用剪映的手动踩点、曲线变速功能，下面介绍具体的操作方法。

01　在剪映中导入多段视频素材并对素材进行适当的剪辑，仅保留需要使用的画面内容。单击"音频"按钮⬤，使用"音频提取功能"导入音乐素材，并根据音乐的节拍单击"手动踩点"按钮⚑，为音频打上节拍点，如图8-21所示。

图8-21

02　选中素材1，单击"变速"按钮，选择"曲线变速"选项中的"自定义"选项，如图8-22所示。

图8-22

03　在素材调整区域中往下滑动，在自定义设置列表中分别把第1和第5个节拍点拉高，适当调整中间位置上的第2、3、4三个节拍点之间的距离，使素材1的尾端对准第1个节拍点，如图8-23所示。

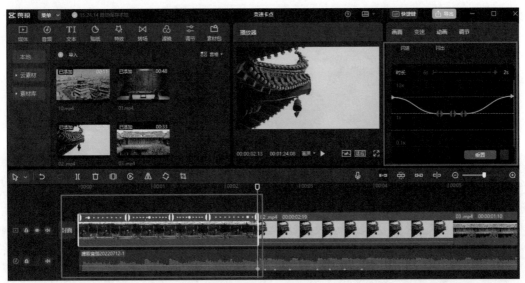

图8-23

04 将时间线定位至第2个节拍点的位置，调整素材2的持续时长，使其尾部与第2个节拍点对齐，如图8-24所示；参照上述方式，调整素材3～素材8的持续时长，如图8-25所示。

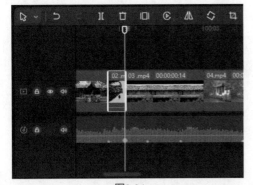

图8-24

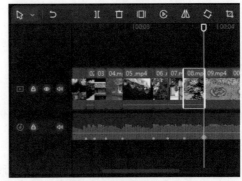

图8-25

05 选中素材9，单击"变速"按钮，选择"曲线变速"选项中的"自定义"选项，在自定义设置列表中选中第3个节拍点，单击"删除点"按钮█，如图8-26所示。

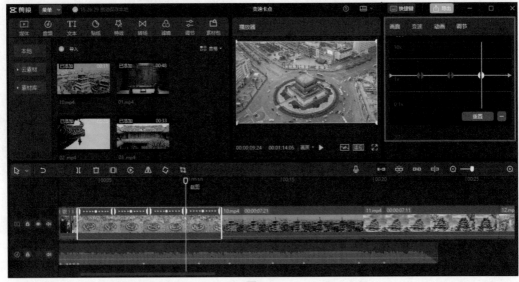

图8-26

06 在自定义设置列表中分别把第1和第4个节拍点拉高，适当调整中间位置上的第2、3两个节拍点之间的距离，使素材9的尾端对准第9个节拍点，如图8-27所示。参照步骤05和步骤06的操作方式，为素材10～素材13添加变速效果。

图8-27

07 选中素材14，单击"变速"按钮，选择"曲线变速"选项中的"自定义"选项，在自定义设置列表中删除中间位置的三个节拍点，将最后一个节拍点上拉，适当调整其坡度，使素材14的尾端与第14个节拍点的位置对齐，如图8-28所示。

图8-28

08 参照步骤03的操作方法为素材15添加变速效果，使其尾端与第15个节拍点的位置对齐；参照步骤07的操作方法为素材16添加变速效果，使其尾端与第16个节拍点的位置对齐，如图8-29所示。

09 完成所有操作后，播放预览视频，效果如图8-30和图8-31所示。

图8-29

图8-30

图8-31

8.4 分屏卡点：制作炫酷的三分屏卡点视频

扫码看视频教学

本案例介绍的是"分屏卡点"的制作方法，主要使用剪映的自动踩点、蒙版以及画中画功能，下面介绍具体的操作方法。

01 在剪映中导入一段视频素材，单击"音频"按钮，在剪映的音乐库中选择一首合适的音乐，将其添加至时间轴；单击"自动踩点"按钮，在弹出的下拉列表中选择"踩节拍Ⅱ"选项，如图8-32所示。

图8-32

02 执行上述操作后，即可在音频轨道中添加黄色的节拍点；选中视频轨道，单击"蒙版"按钮，选择"矩形"蒙版，在播放器的显示区域调整蒙版的形状和大小，并按住鼠标左键拖动⬤按钮，为蒙版拉一点圆角，如

图8-33所示。

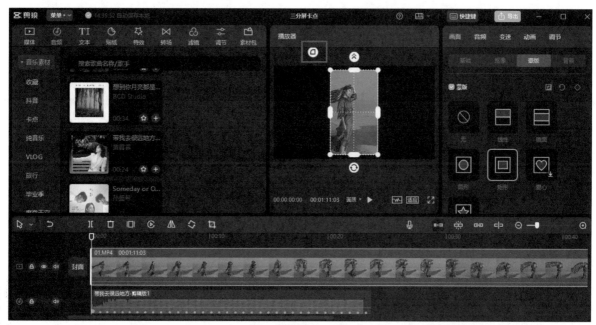

图8-33

03 复制主视频，粘贴至画中画轨道，使其尾部对齐音频中的第2个节拍点；在播放器的显示区域将画中画素材移动至画面的左侧；再次复制主视频，粘贴至画中画轨道，对音频中的第3个节拍点，在播放器的显示区域中将其移动至画面的右侧，如图8-34所示。

图8-34

04 将每段视频素材每隔4个节拍点分割一次，并删除多余的视频素材，如图8-35所示。

05 选中除第一组外的任意一段素材，右击，在弹出的快捷菜单中选择"替换片段"选项，将视频素材进行替换；并按照上述方式，将余下片段替换成不同的视频，如图8-36所示。

06 选中任意一段视频素材，单击"动画"按钮，选择"入场"里的"动感放大"效果，并按照上述方法为所有视频素材添加动画效果，如图8-37所示。

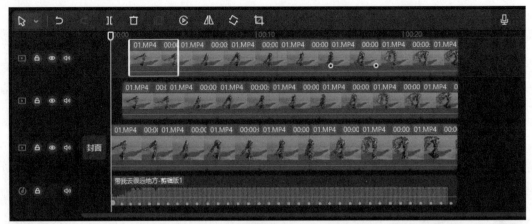

图8-35

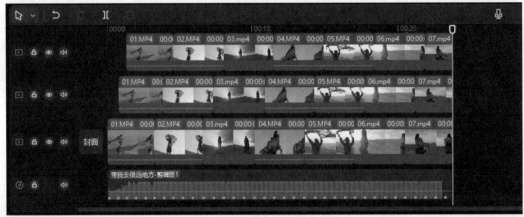

图8-36

图8-37

07 将时间线定位至视频开始的位置，单击"滤镜"按钮，在"影视级"选项区中选择"青橙"滤镜效果，将其添加至时间轴，并调整滤镜素材的持续时长，与视频的长度保持一致，如图8-38所示。

图8-38

08 完成所有操作后，播放预览视频，效果如图8-39和图8-40所示。

图8-39

图8-40

8.5 拍照卡点：制作音乐卡点定格拍照视频

扫码看视频教学

本案例介绍的是"卡点定格拍照"的制作方法，主要使用剪映的边框特效和自动踩点功能，下面介绍具体的操作方法。

01 在剪映的素材库中选择9段唯美的视频素材，并将其添加至视频轨道，如图8-41所示。

02 单击"音频"按钮 ，在剪映的音乐库中选择一首合适的音乐，将其添加至时间轴；单击"自动踩点"按钮 ，在弹出的下拉列表中选择"踩节拍Ⅰ"选项，如图8-42所示。

03 执行上述操作后，即可在音频轨道中添加黄色的节拍点；选中第1个素材，将时间线定位至第1个节拍点的位置，单击"定格"按钮 ，执行此操作后，轨道区域即可生成一段时长为3秒的定格片段，如图8-43所示。

04 选中定格片段，将其时长调整为0.6s，并删除后面多余的视频片段，如图8-44所示。

05 将时间线定位至第1段素材和定格片段的中间位置，单击"转场"按钮 ，在"基础转场"选项中选择"闪白"效果，将其添加至视频轨道，并单击"应用全部"按钮，将转场效果应用至所有视频片段的中间位置，如图8-45所示。

06 将时间线定位至定格片段开始的位置，单击"滤镜"按钮 ，选择一款合适的滤镜效果，将其添加至视频轨道，并调整其持续时长与定格片段的长度保持一致，如图8-46所示。

07 将时间线定位至定格片段开始的位置，单击"特效"按钮，在"边框"选项区中选择图8-47中的"录制边框"特效，将其添加至视频轨道，并调整其持续时长与定格片段的长度保持一致。

图8-41

图8-42

图8-43

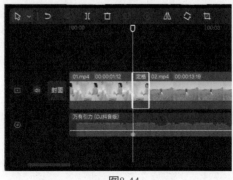

图8-44

图8-45

图8-46

图8-47

08 参照步骤03～步骤07的操作方式，为余下视频素材添加定格、转场、特效以及滤镜效果，并对音频素材进行适当裁剪，使其与视频的长度保持一致，如图8-48所示。

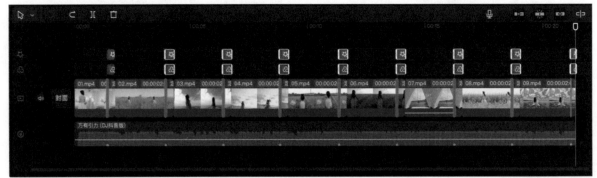

图8-48

09 完成所有操作后，播放预览视频，效果如图8-49和图8-50所示。

图8-49

图8-50

第 9 章

Vlog 视频：记录生活碎片

Vlog是近几年流行起来的一种短视频类型，拍摄记录日常生活，可以很好地展现自己的爱好和性格特点，建立个人品牌、扩大影响力。本章结合之前学习的内容，制作5个Vlog实战案例，案例的制作步骤仅为参考，用户需要充分理解制作的思路，从而实现举一反三。

9.1　片头：制作 Vlog 涂鸦片头

扫码看视频教学

涂鸦片头是Vlog视频中很常见的一种开场方式，是由涂鸦素材和剪映的"滤色"功能制作而成，下面介绍具体的操作方法。

01 在剪映中导入视频素材和涂鸦素材，并添加至时间轴；将涂鸦素材移动至画中画轨道，在播放器的显示区域将涂鸦素材放大，使其覆盖整个视频画面，在"混合模式"的选项框中选择"滤色"选项，如图9-1所示。

图9-1

02 将时间线定位至视频的起始位置，单击"文本"按钮 **TI**，在"新建文本"选项中单击"默认文本"中的"添加"按钮，添加一个文本轨道；在"文本编辑"功能区的文本框中输入相应的文字，并将字体设置为"漫语体"，如图9-2所示。

图9-2

03 单击"音频"按钮 ⑤，切换至"音效素材"选项栏，从中选择"擦黑板"的音效，将其添加至时间轴；并适当调整音效素材和文字素材的时长，使其长度和涂鸦素材的长度保持一致，如图9-3所示。

图9-3

04 完成所有操作后，播放预览视频，效果如图9-4所示。

图9-4

9.2 美食：制作周末美食 Vlog

扫码看视频教学

俗话说："民以食为天"。美食是一个比较经典的题材，也是抖音比较火爆的话题之一，而且永远不会过时。下面介绍一段记录周末美食Vlog的制作方式。

01 在剪映中导入多段美食素材，并添加至时间轴；单击"音频"按钮 ⓘ，使用"音频提取功能"导入音乐素材，根据音频中的歌词和音效打上节拍点，并将素材根据节拍点进行适当的剪辑，如图9-5所示。

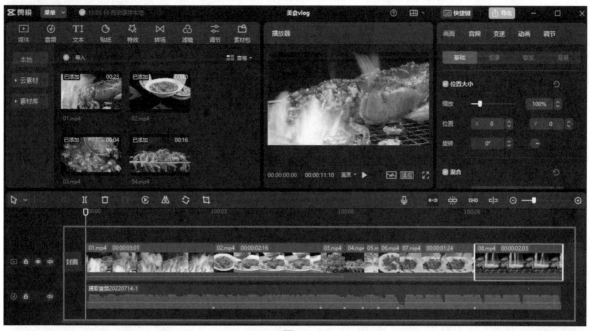

图9-5

02 将时间线定位至素材2和素材3的中间位置，单击"转场"按钮 ✕，在"运镜转场"选项中选择"色差顺时针"效果，将其添加至视频轨道，如图9-6所示。

图9-6

03 选中素材1，单击"动画"按钮，在"入场"动画选项区中选择"动感放大"效果，并将"动画时长"调整为1.5秒，如图9-7所示。参照上述方式为素材3～素材8添加"向下甩入"的入场动画效果。

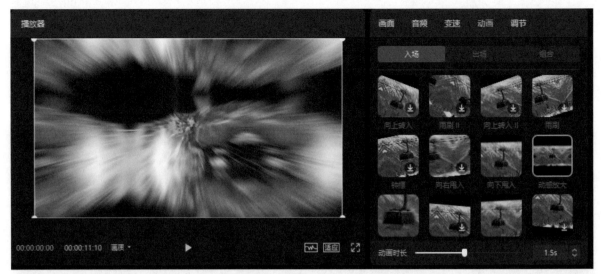

图9-7

> 提示：在剪映中，用户不仅可以使用"转场"功能来实现素材与素材之间的切换，也可以利用动画功能来做转场，能够让各个素材之间的连接更加紧密，获得更流畅和平滑的过渡效果，从而让短视频作品显得更加专业。

04 将时间线定位至素材1的入场动画即将结束的位置，单击"特效"按钮 ⚡，在"动感"选项区中选择"色差放大"特效，将其添加至时间轴，适当调整滤镜素材的持续时长；并参照上述方式为素材7和素材8添加"星火炸开"特效，如图9-8所示。

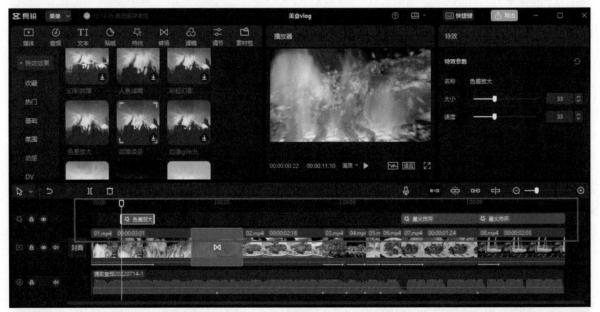

图9-8

05 将时间线定位至视频的起始位置，单击"特效"按钮，在"边框"选项区中选择"录制边框 ‖ ‖"特效，将其添加至时间轴，并适当调整滤镜素材的持续时长，使其和视频的长度保持一致，如图9-9所示。

06 将时间线定位至素材3的前端，单击"贴纸"按钮 ⚡，打开贴纸选项栏，从中选择一款合适的贴纸素材，将其添加至时间轴；适当调整贴纸素材的持续时长，使其和素材3的长度保持一致；并参照上述方式为素材4～素材6添加不同样式的贴纸，如图9-10所示。

图9-9

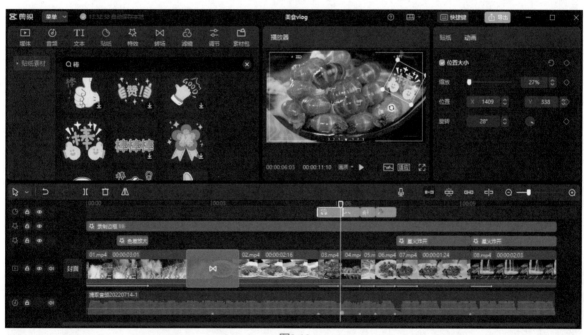

图9-10

07 完成所有操作后，播放预览视频，效果如图9-11和图9-12所示。

图9-11

图9-12

9.3　旅行：制作高级旅拍记录大片

　　无论是出于职业需要，还是出于兴趣，出门旅行若能拍一些Vlog，都是很棒的记忆承载，同时也是一种自我表达，所以旅行也是一直都很火爆的一个主题。下面介绍一段高级旅拍大片的制作方法。

01　在剪映中导入多段旅行素材并添加至时间轴；单击"音频"按钮⟳，使用"音频提取功能"导入音乐素材，根据音频中的歌词和音效打上节拍点，并将素材1～素材4根据节拍点进行适当的剪辑，如图9-13所示。

图9-13

02　将素材5置于第4和第6个节拍点的中间位置，将素材6置于第6和第8个节拍点的中间位置，将素材7的尾端与音频的尾端对齐，如图9-14所示。

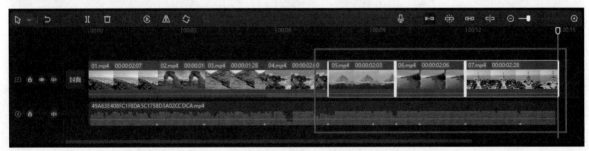

图9-14

03　将时间线定位至第2和第3个视频素材中间，单击"转场"按钮⊠，在"特效转场"选项中选择"分割"效果，将其添加至视频轨道，如图9-15所示。参照上述方式在素材3和素材4中间添加"炫光Ⅱ"转场效果。

04　选中素材5，单击"动画"按钮，在"入场"选项区中选择"向下甩入"效果，如图9-16所示。参照上述方式为素材6添加"向下甩入"的入场动画效果，为素材7添加"缩小"的入场动画效果。

05　将时间线定位至第5个节拍点的位置，单击"滤镜"按钮⧉，选择"影视级"中的"青橙"滤镜，将其添加至时间轴，并适当调整滤镜素材的持续时长，使其尾端与第6个节拍点对齐；参照上述方式在第7和第8个节拍点的中间位置添加"青橙"滤镜，如图9-17所示。

06　将时间线定位至第9个节拍点的位置，单击"特效"按钮⧉，选择"动感"选项区中的"抖动"特效，将其添加至时间轴，并适当调整滤镜素材的持续时长，使其尾端与视频素材的尾端对齐，如图9-18所示。

图9-15

图9-16

图9-17

图9-18

07 将时间线定位至视频的起始位置，单击"文本"按钮 **TI**，在"新建文本"选项中单击"默认文本"中的
"添加"按钮，添加一个文本轨道。

08 在"文本编辑"功能区的文本框中输入相应的文字，并在字体选项中选择"Facon"字体；在播放器的显
示区域调整文字素材的大小和位置，并在时间轴中适当调整文字素材的时长，使其长度和素材1的长度保持一
致，如图9-19所示。

图9-19

09 将时间线定位至文字素材的起始位置，单击"缩放"选项旁边的 ◆ 按钮，为视频创建一个关键帧，将时
间线移动至文字素材的尾端，在播放器中将文字素材缩小，此时剪映会自动在时间线所在位置再创建一个关键
帧，如图9-20所示。

10 完成所有操作后，播放预览视频，效果如图9-21和图9-22所示。

图9-20

图9-21

图9-22

9.4　萌宠：狗狗的周末日记

扫码看视频教学

目前国内养宠人士越来越多，在很多社交平台中，萌宠视频、照片都是非常吸引流量的内容，凭借自家萌宠火起来的博主不计其数。下面介绍一段狗狗的周末Vlog的制作方法。

01 在剪映中导入多段关于宠物狗的视频和图像素材；单击"音频"按钮🎵，使用"音频提取功能"导入音乐素材，根据音频中的歌词和音效打上节拍点，并将素材根据节拍点进行适当的剪辑，如图9-23所示。

图9-23

02 复制素材1，并将其粘贴至画中画轨道；选中素材1，单击"蒙版"按钮，选择镜面蒙版，在播放器的显示区域调整蒙版的显示区域，如图9-24所示。

图9-24

03 参照步骤02的操作方法为画中画素材添加镜面蒙版，并调整蒙版的显示区域；单击"基础"按钮，在播放器的显示区域调整素材的大小和位置，如图9-25所示。

04 选中画中画素材，单击"动画"按钮，在"入场"选项区中选择"向右滑动"效果，并将"动画时长"调整为2.2秒，如图9-26所示。

图9-25   图9-26

05 选中素材2，单击"裁剪"按钮，选择"9:16"比例，在裁剪框中调整图像的大小和位置，单击"确定"按钮，如图9-27和图9-28所示。按照上述操作方法，裁剪素材3和素材4。

图9-27   图9-28

06 在时间轴中调整素材2的持续时长，使其尾部与音频的第4个节拍点对齐，将素材3移动至画中画轨道，置于第2和第4个节拍点的中间位置；将素材4移动至素材3上方的轨道，置于第3和第4个节拍点的中间位置；在播放器的调整区域调整素材的大小和位置，如图9-29所示。

图9-29

07 选中素材1，单击"背景"按钮，在下拉列表中选择"颜色"选项，在"背景填充"选项区中选择白色，并单击"应用全部"按钮，如图9-30所示。

图9-30

> **提示：剪映手机版与电脑版不同之处在于，"背景"中"样式"功能区中多了一个按钮，用户点击之后可以打开手机相册，在其中选择合适的图片作为自定义的背景。**

08 将时间线定位至视频的起始位置，单击"文本"按钮 **TI**，在"新建文本"选项中单击"默认文本"中的"添加"按钮，添加一个文本轨道。

09 在"文本编辑"功能区的文本框中输入"Hello"；在播放器的显示区域调整文本框的位置，并在时间轴中适当调整文字素材的时长，如图9-31所示。按照上述方式，为视频添加"：）"和"baby"字幕。

图9-31

10 将时间线定位至素材2的尾端，单击"贴纸"按钮，在"线条风"选项区中选择一款合适的贴纸，将其添加至时间轴，并在播放器的显示区域调整贴纸的大小和位置，如图9-32所示，按照上述方式，在余下的视频片段中添加不同的贴纸素材。

图9-32

11 完成所有操作后，播放预览视频，效果如图9-33和图9-34所示。

图9-33

图9-34

9.5　日常碎片：大学生假日出游 Vlog

抖音上有许多记录日常碎片的热门Vlog，这些视频的主要内容只是生活中的一些点点滴滴，但经过后期加工却可以变得妙趣横生，本案例介绍一种比较生动的日常vlog的制作方法。

01 在剪映中导入多段日常拍摄的视频和图像素材；单击"音频"按钮 🎵，使用"音频提取功能"导入音乐素材，并在每句歌词的结尾处打上节拍点，如图9-35所示。

图9-35

02 选中素材1，调整素材的持续时长，使其尾部与音频的第2个节拍点对齐；将时间线移动至第1个节拍点，单击"分割"按钮 ⫴，将素材一分为二，如图9-36所示。

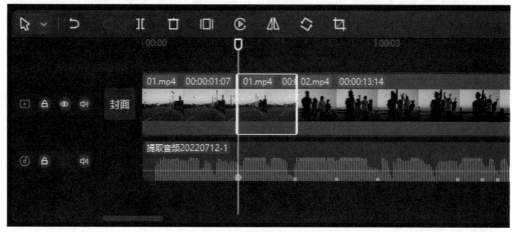

图9-36

03 选中分割出来的前半段素材，单击"特效"按钮 🎨，在"边框"选项区中选择"车窗"特效，按住鼠标左键，将其拖到画中画素材的缩览图上，并在播放器的显示区域调整素材的大小和位置，如图9-37所示。

04 参照步骤03的操作方式，为素材2和素材3添加"车窗"特效，并在播放器的显示区域将素材2移动至画面的左侧，将素材3移动至画面的右侧，如图9-38和图9-39所示。

05 在时间轴中调整素材2、素材3以及素材4的持续时长，使素材2的尾部与音频的第3个节拍点对齐，素材3的尾部与音频的第4个节拍点对齐，素材4尾部与音频的第5个节拍点对齐，如图9-40所示。

图9-37

图9-38

图9-39

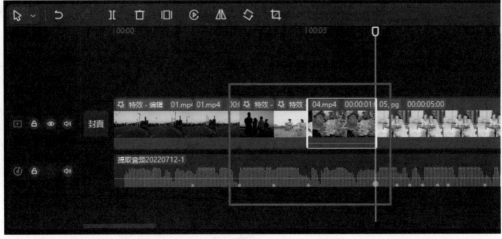

图9-40

06 在时间轴中调整素材5的持续时长，使其尾部与音频的第8个节拍点对齐，将素材6移动至画中画轨道，置于第6和第8个节拍点的中间位置；将素材7移动至素材6上方的轨道，置于第7和第8个节拍点的中间位置，如图9-41所示。

图9-41

07 选中素材5，单击"蒙版"按钮，选择"矩形"蒙版，在播放器的显示区域调整蒙版的形状和大小，并按住鼠标左键拖动 ◙ 按钮，为蒙版拉一点圆角；单击"基础"按钮，将素材移动至合适的位置，如图9-42所示。参照上述方式，为素材6和素材7添加蒙版，如图9-43所示。

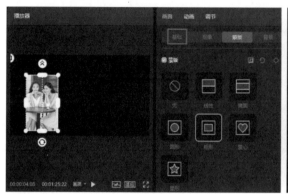

图9-42

图9-43

08 参照步骤03的方式为素材8添加"车窗"特效，将时间线定位至第8个节拍点上，单击"缩放"选项旁边的 ◼ 按钮，为视频创建一个关键帧；将时间线移动至第9个节拍点上，在播放器中将视频画面放大，此时剪映会自动在时间线所在位置再创建一个关键帧，如图9-44所示。

图9-44

09 参照步骤08的方式，在第9和第10以及第11个节拍点中间分别制作两个关键帧动画，并调整素材的持续时长，使其尾部与音频的第11个节拍点对齐，如图9-45所示。

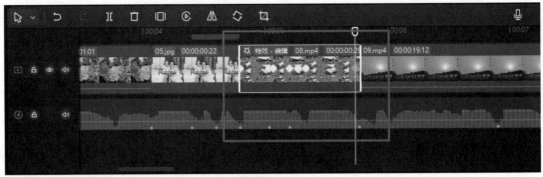

图9-45

10 参照步骤03的方式为素材9添加"车窗"特效，并调整素材的持续时长，使其尾部与第12个节拍点对齐；调整素材10的持续时长，使其尾部与第14个节拍点对齐，将素材11移动至画中画轨道，置于第13和第14个节拍点的中间位置，如图9-46所示。

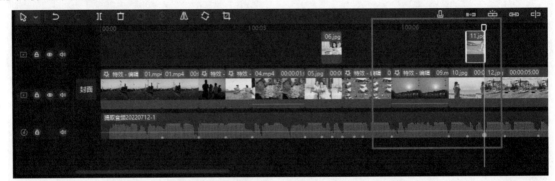

图9-46

11 选中素材9，在播放器的显示区域调整素材的大小和位置，如图9-47所示。参照步骤07，为素材10和素材11添加蒙版，并在播放器的显示区域将素材移动至合适的位置，如图9-48所示。

图9-47

图9-48

12 参照步骤03的操作方式，为素材12和素材13添加"车窗"特效，并在播放器的显示区域将素材12移动至画面的左侧，将素材13移动至画面的右侧，如图9-49和图9-50所示。

13 在时间轴中调整素材12、素材13以及素材14的持续时长，使素材12的尾部与音频的第15个节拍点对齐，素材13的尾部与音频的第16个节拍点对齐，素材14尾部与音频素材的尾部对齐，如图9-51所示。

14 单击"文本"按钮 TI，切换至"识别歌词"选项，单击"开始识别"按钮，界面中将会浮现"正在识别歌词"的提示框，如图9-52所示。

15 稍等片刻，即可生成对应的歌词字幕，将字幕节拍点进行分割，并根据音频内容对字幕内容进行相应的调整，如图9-53所示。

图9-49

图9-50

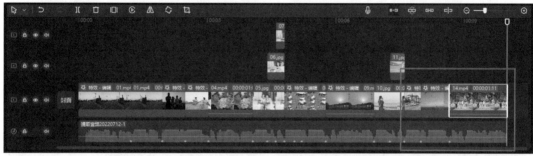

图9-51

图9-52

图9-53

16 在"文本编辑"区域"字体"选项框中选择"Serrat"字体，并取消勾选"文本、排列、气泡、花字应用到全部歌词"复选框，在播放器的显示区域中将歌词移动至画面中合适的位置，如图9-54所示。

图9-54

17 完成所有操作后，播放预览视频，效果如图9-55和图9-56所示。

图9-55

图9-56

第 10 章

广告宣传：商业项目实战

本章结合前几章学习的内容进行汇总，从而制作5个商业项目实战案例。这些案例都是日常生活和工作中常用到的，用户可结合案例视频进行学习。本章中的案例制作步骤仅为参考，希望用户可以理解制作的思路，能够举一反三。

10.1 租赁广告：制作房屋租赁视频广告

扫码看视频教学

房屋租赁的广告在日常生活中比较常见，其制作难度并不是太高，不过需要在短视频有限的时长内传达出大量用户需要了解的信息，这也需要制作者有一定的巧思，下面介绍一段房屋租赁宣传小视频的制作方法。

01 在剪映中导入多张"住房"的图片素材并添加至时间轴，将每段素材的持续时长调整至2秒；单击播放器中的"适应"按钮，在弹出的下拉列表中选择"9:16"选项，如图10-1所示。

图10-1

02 选中第1段素材，单击"背景"按钮，在下拉列表中选择"颜色"选项，在"背景填充"选项区中选择白色，并单击"应用全部"按钮，如图10-2所示。

03 选中第1段素材，单击"裁剪"按钮🔲，如图10-3所示，在"裁剪比例"的下拉列表中选择"16:9"选项；在裁剪框中调整图像的大小和位置，单击"确定"按钮，如图10-4所示。按照上述操作方式，将余下的素材全部按照"16:9"的比例进行裁剪。

图10-2

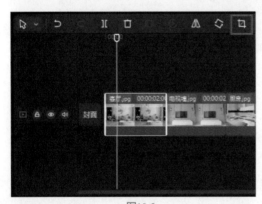

图10-3

图10-4

04 将时间线定位至第1和第2个素材的中间位置，单击"转场"按钮，在"基础转场"选项中选择"叠化"效果，将其添加至视频轨道，并单击"应用全部"按钮，将转场效果添加到所有片段之间，如图10-5所示。

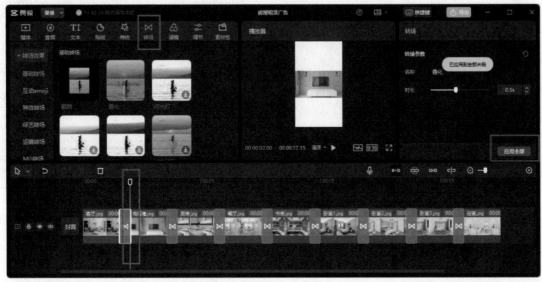

图10-5

05 选中第1段素材，单击"特效"按钮 ，在"氛围"选项区中选择"星光绽放"特效，按住鼠标左键，将其拖到第1段素材的缩览图上，如图10-6所示，并按上述方式为第2段素材添加"烟花"特效。

图10-6

06 将时间线定位至视频的起始位置，单击"文本"按钮 **TI**，在"新建文本"选项中单击"默认文本"中的添加按钮，添加一个文本轨道。在"文本编辑"功能区的文本框中输入"出租"，并在字体选项中选择"大字报"字体，将字体的颜色设置为黑色，如图10-7所示。

图10-7

07 选中文字素材，单击"气泡"按钮，在气泡选项栏中选择一款合适的气泡模板；在播放器的显示区域中将字幕素材移动至画面最上方的中间位置，并在时间轴中调整文字素材的持续时长，使其与视频的长度保持一致，如图10-8所示。

提示： 使用气泡文字作为短视频的字幕，可以让文字变得更加醒目，从而增强主题的表达能力，让短视频彰显出更加强大的吸引力。

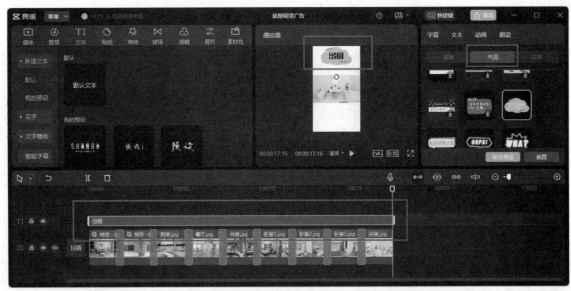

图10-8

08　参照步骤06的操作方式为第一段素材添加一个"客厅"字幕，将字体设置为"思源中宋"，将字体颜色设置为黑色；并在播放器的显示区域将文字素材移动至气泡文字的下方，在轨道区域调整文字素材的时长，使其和第1段素材的长度保持一致，如图10-9所示。

图10-9

09　参照步骤08的操作方式，为余下的图像素材添加相应的字幕，如图10-10所示。

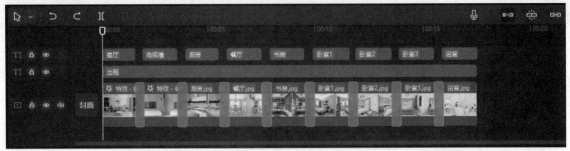

图10-10

⑩ 选中"客厅"字幕素材，单击"动画"按钮，选择"入场"动画中的"放大"效果，如图10-11所示。

图10-11

⑪ 参照步骤10的操作方式，为余下的字幕素材添加"放大"的入场动画效果，如图10-12所示。

图10-12

⑫ 单击"默认文本"中的"添加"按钮，添加一个文本轨道；在"文本编辑"功能区的文本框中输入房屋的相关信息，将字体设置为"思源中宋"，将字体颜色设置为黑色；在播放器的显示区域将文字素材移动至视频画面的下方，并在轨道区域调整文字素材的时长，使其和视频的长度保持一致，如图10-13所示。

图10-13

13 单击音频按钮 🎵，在剪映的音乐库中选择一首合适的背景音乐，将其添加至时间轴，并对音频素材进行适当的剪辑，使其长度和视频的长度保持一致，如图10-14所示。

图10-14

14 执行上述操作后，播放预览视频，效果如图10-15和图10-16所示。

位置：芙蓉小区　户型：3室一厅
面积：108平方　租金：6500元

图10-15

位置：芙蓉小区　户型：3室一厅
面积：108平方　租金：6500元

图10-16

10.2 店铺宣传：制作淘宝鞋店广告视频

扫码看视频教学

平时在逛淘宝、京东等购物平台时，经常可以看到十几秒或几十秒的广告视频。相比于静态的广告图片，视频往往能更好地展示商品，更吸引用户，并激发用户的购买欲，下面介绍一段十几秒的淘宝高跟鞋店广告视频的制作方式。

01 在剪映中导入多张"高跟鞋"的图像素材；单击"音频"按钮 🎵，使用"音频提取功能"导入音乐素材，并根据音频中的歌词和音效打上节拍点，如图10-17所示。

02 在时间轴区域对素材的持续时长进行适当的调整，使素材1的尾端与第1个节拍点对齐，素材3的尾端与第2个节拍点对齐，素材4的尾端与第3个节拍点对齐，素材6的尾端与第4个节拍点对齐，素材7的尾端与音频的尾端对齐。

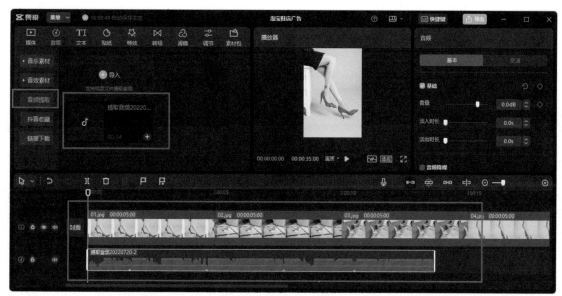

图10-17

03 将素材2和素材5移动至画中画轨道，使素材2置于第1和第2个节拍点中间，素材5置于第3和第4个节拍点中间，如图10-18所示。

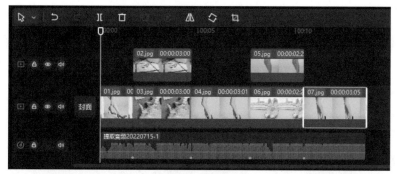

图10-18

04 选中素材1，单击"背景"按钮，在下拉列表中选择"颜色"选项，在"背景填充"选项区中选择白色，单击"应用全部"按钮，并在播放器的预览区域将素材缩小移动至画面的右侧，如图10-19所示。

图10-19

05 将时间线定位至视频的起始位置，单击"文本"按钮 ，在"新建文本"选项中单击"默认文本"中的"添加"按钮，添加一个文本轨道；在"文本编辑"功能区的文本框中输入"FASHION"，选择"黑底白边"的预设样式。

06 在播放器的预览区域将文字素材进行旋转并放大，置于图片的边缘位置；在时间轴中调整文字素材的持续时长，使其长度与素材1的长度保持一致，如图10-20所示。

图10-20

07 参照步骤05和步骤06的操作方式，为素材1添加"High heels"的字幕，置于"FAHION"字幕下方，如图10-21所示。

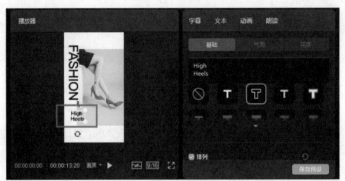

图10-21

08 在播放器的显示区域将素材3移动至画面的左上方，将素材2移动至画面的右下方，并按照步骤05和步骤06的操作方式在画面中添加"YOUNG"和"STRLE"两个字幕，置于素材3的右边，如图10-22所示。

09 参照步骤05和步骤06的操作方式，在素材2的左边添加一段关于时尚的英文语录，并将字体颜色设置为灰色，如图10-23所示。

10 在播放器中将素材4缩小，移动至画面的左侧，并参照步骤05和步骤06的操作方式，在素材4的下方添加"High Heels"字幕，如图10-24所示。

11 在播放器的显示区域将素材5移动至画面的左上方，将素材6移动至画面的右下方，并参照步骤05和步骤06的操作方法，在画面中添加"Stylish""women's shoes"以及英文语录字幕，如图10-25所示。

12 参照步骤05和步骤06的操作方式为素材7添加"时尚女鞋款式多多"字幕，将字体颜色设置为白色，并勾选"边框"复选框，为字幕添加白色边框（可在文本框中使用空格键调整边框大小），将"不透明度"设置为20%，如图10-26所示。

图10-22

图10-23

图10-24

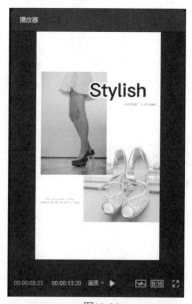

图10-25

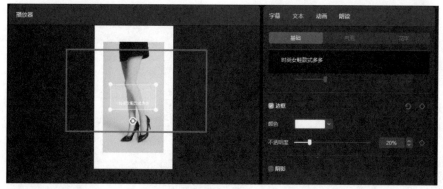

图10-26

13 参照步骤05和步骤06的操作方式为素材7添加"王某某的店"字幕，将字体颜色设置为白色，在播放器的显示区域将字幕素材放大，置于"时尚女鞋款式多多"字幕的上方，如图10-27所示。

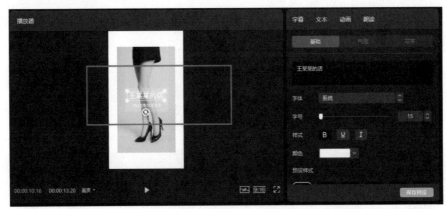

图10-27

14 选中素材1，单击"动画"按钮，选择"入场"动画里的"放大"效果，并将"动画时长"设置为0.8秒，如图10-28所示。

图10-28

15 参照步骤14的操作方式为余下的图像素材和字幕素材设置不同的动画效果，如图10-29所示。

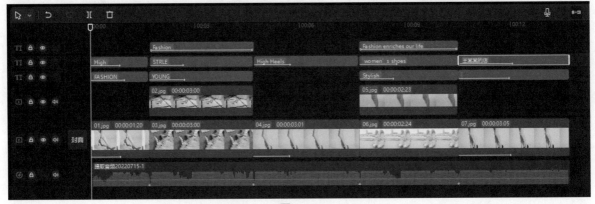

图10-29

16 执行操作后，播放预览视频，效果如图10-30和图10-31所示。

图10-30　　　　　　　　　　　　　　　　　　　图10-31

扫码看视频教学

10.3　活动宣传：制作促销活动宣传短视频

　　活动宣传视频在日常工作中是会经常碰到的类型，在发布产品、节日促销和对外宣传等场合经常会用到，下面介绍一段夏日服饰的促销宣传视频的制作方式。

01 在剪映中导入多张"时尚服装"的图像素材，将其添加至时间轴，并将素材1～素材11的持续时长调整为3s，将素材12和素材13的持续时长调整为2s，如图10-32所示。

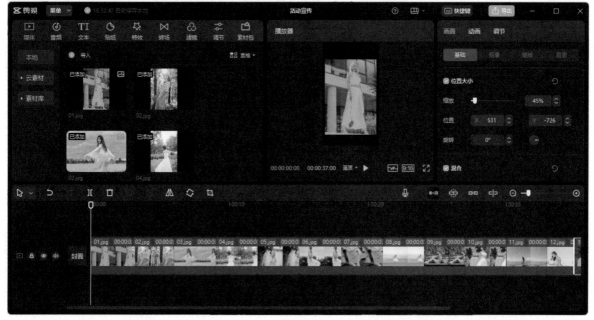

图10-32

02 在时间轴中将素材4和素材5移动至画中画轨道，并置于素材3的上方；将素材6和素材8移动至画中画轨道，置于素材7的上方；将素材10至素材13移动至画中画轨道，置于素材9的上方，并将素材9的持续时长延长至5s，如图10-33所示。

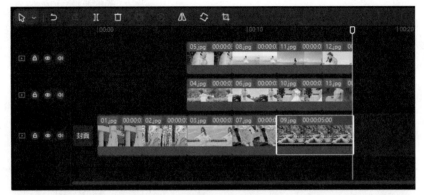

图10-33

03 单击播放器中的"适应"按钮，在弹出的下拉列表中选择"9:16"选项；选中素材1，将其缩小置于视频画面的中间位置；单击"背景"按钮，在下拉列表中选择"颜色"选项，在"背景填充"选项区中选择图10-34中的颜色，并单击"应用全部"选项。

图10-34

04 将时间线定位至视频的起始位置，单击"文本"按钮 **TI**，在"新建文本"选项中单击"默认文本"中的"添加"按钮，添加一个文本轨道；在"文本编辑"功能区的文本框中输入"SPRING"，将"字体"设置为"Maler"；在播放器的预览区域将文字素材进行放大，置于画面的最上方；在时间轴中调整文字素材的时长，使其长度与素材1的长度保持一致，如图10-35所示。

05 参照步骤04的方式为素材1添加"SALES PROMOTION"字幕，并将其缩小置于"SPRING"字幕的下方，如图10-36所示。添加"夏季服饰促销"字幕，将其置于图像素材的左下方，如图10-37所示；添加"促销活动：满399减100元"字幕，并为其添加黄色的边框，置于"夏季服饰促销"字幕的下方，如图10-38所示。

06 参照步骤04的方式为素材1添加"活动时间：2022.8.15—2022.8.18"字幕，并将其缩小置于"促销活动：满399减100元"字幕的下方，如图10-39所示。添加"抖音搜索：王某某服饰旗舰店"字幕，并添加两条白色线条用以装饰，将其置于画面的最下方，如图10-40所示。

图10-35

图10-36

图10-37

图10-38

图10-39

图10-40

07 选中素材1，单击"动画"按钮，选择"入场"动画里的"放大"效果，并将"动画时长"设置为1.5s，如图10-41所示。

图10-41

08 参照步骤07，为素材1的字幕添加"渐显"的动画效果，将"动画时长"设置为3s，如图10-42所示。

图10-42

09 参照步骤04的操作方式为素材2添加图10-43中的字幕，置于视频画面的最上方，将"SPRING"字幕的不透明度设置为10%。

10 将时间线定位至素材2的起始位置，单击"贴纸"按钮，从中选择一个"绿色文本框"样式的贴纸，将其添加至时间轴中，并在播放器的显示区域将其移动至图像素材的最下方，如图10-44所示。

11 参照步骤04的操作方式为素材添加商品信息的字幕，并将其移动至图像素材下方的文本框贴纸上，如图10-45所示。

⑫ 参照步骤10的操作方式，为素材2添加"黑色线条"贴纸，并将其移动至"原价399"字幕上，模拟将价格划掉的效果，如图10-46所示。

⑬ 参照步骤10的操作方式，为素材2添加有关面料特点的贴纸素材，并将其至缩小移动至画面的最下方，如图10-47所示。

⑭ 参照步骤04的操作方式，在贴纸的下方添加解说字幕，如图10-48所示。

⑮ 参照步骤07和步骤08的操作方式，为素材2和绿色文本框贴纸添加"向上转入"动画效果，并将"动画时长"设置为1s；为余下字幕和贴纸素材添加"渐显"动画效果，"动画时长"设置为3s，如图10-49所示。

⑯ 参照上述为素材1和素材2添加字幕、贴纸以及动画效果的方式，对余下素材进行编辑，如图10-50～图10-53所示。

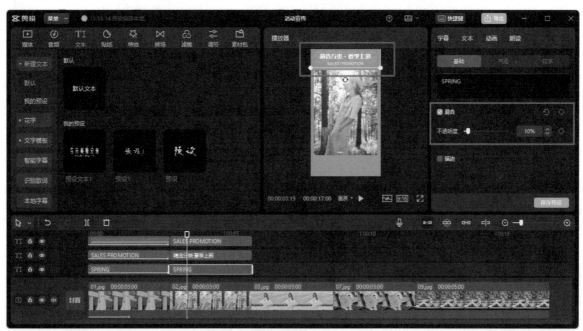

图10-43

图10-44

图10-45

图10-46

图10-47

图10-48

图10-49

图10-50

图10-51

图10-52

图10-53

17 单击"音频"按钮🎵，在剪映的音乐库中选择一首合适的背景音乐，将其添加至时间轴，并对音频素材进行适当的剪辑，使其长度和视频的长度保持一致，如图10-54所示。

图10-54

18 执行操作后，播放预览视频，效果如图10-55和图10-56所示。

图10-55

图10-56

> 提示：需要注意的是，剪映的贴纸素材会经常进行更新和重新归类，贴纸主题的名称也会有所变动，用户可以在贴纸素材库中仔细寻找，通常都能找到过期的贴纸效果。

10.4　城市宣传：制作电影感城市宣传短视频

扫码看视频教学

　　城市的宣传视频通常都是极具视觉冲击力和影像震撼力的，可以概括性地展现一座城市的历史文化和地域文化特色，树立城市形象，下面介绍一段1分钟左右的城市宣传视频的制作方式。

01 在剪映中导入多段关于"长沙"的视频素材；单击"音频"按钮🎵，使用"音频提取功能"导入音乐素材，根据音频中的音效打上节拍点，并根据节拍点对视频素材进行适当的剪辑，如图10-57所示。

图10-57

02 将时间线定位至素材1和素材2的中间位置，单击"转场"按钮 ⋈ ，在"特效转场"选项中选择"竖向分割"效果，将其添加至视频轨道，如图10-58所示。

图10-58

03 参照步骤02的操作方式，在余下的视频片段之间添加不同的转场效果，如图10-59所示。

图10-59

04 将时间线定位至视频的起始位置，单击"文本"按钮 **TI**，在"新建文本"选项中单击"默认文本"中的"添加"按钮，添加一个文本轨道；在"文本编辑"功能区的文本框中输入"星城·长沙"，将"字体"设置为"经典雅黑"，如图10-60所示。

图10-60

05 选中文字素材，单击"动画"按钮，选择"入场"动画里的"收拢"效果，并将"动画时长"设置为1.5s，如图10-61所示。

图10-61

06 将时间线定位至素材2的起始位置，单击"文本"按钮 **TI**，在"文字模板"选项中选择图10-62中的字幕模板，将其添加至时间轴，并调整字幕素材的持续时长，使其和素材2的长度保持一致。

07 在"文本编辑"区域中单击按钮 ■，在文本框中将文字修改为"「繁华·商业」"，将字体颜色设置为白色，并取消"预设样式"的选择，如图10-63所示。

08 参照步骤06和步骤07的操作方式，为余下的视频素材添加相应的字幕，如图10-64所示。

09 执行上述操作后，播放预览视频，效果如图10-65和图10-66所示。

图10-62

图10-63

图10-64

图10-65

图10-66

提示：在撰写视频文案时，内容要简短，突出重点，切忌过于复杂。短视频中的文字内容简单明了，观众会有一个比较舒适的视觉感受，阅读起来也更方便。

10.5 公益宣传：制作正能量公益活动宣传视频

扫码看视频教学

公益广告是不以营利为目的，而为社会提供免费服务的广告活动，宣扬美德、文化等积极向上的内容，下面介绍一段劳动节公益宣传短视频的制作方法。

01 在剪映中导入多段关于"劳动者"的视频素材，将其添加至时间轴，并适当地对素材进行剪辑，保留视频中需要使用的片段，如图10-67所示。

图10-67

02 将时间线定位至视频的起始位置，单击"文本"按钮 TI，在"新建文本"选项中单击"默认文本"中的"添加"按钮，添加一个文本轨道；在"文本编辑"功能区的文本框中输入"致敬每一位劳动者"，将"字体"设置为"大字报"；并在时间轴中调整文字素材的时长，使其长度与素材1的长度保持一致，如图10-68所示。

图10-68

03 选中文字素材，单击"动画"按钮，选择"入场"动画里的"渐显"效果，并将"动画时长"设置为1.5s，如图10-69所示。

195

图10-69

04 选中文字素材，单击"动画"按钮，选择"出场"动画里的"渐隐"效果，并将"动画时长"设置为1.5s，如图10-70所示。

图10-70

05 参照步骤02～步骤04的操作方式，为素材2添加3行英文字幕，并为字幕添加"渐显"和"渐隐"的动画效果，如图10-71所示。

图10-71

06 将时间线定位至素材3的起始位置，单击"文本"按钮**T**，在"文字模板"选项中选择图10-72中的字幕模板，将其添加至时间轴，并调整字幕素材的持续时长，使其和素材3的长度保持一致。

图10-72

07 在"文本编辑"区域中单击按钮▓，在文本框中将文字修改为"「每一座城市」"，将"字体"设置为系统默认字体，取消"加粗""斜体"以及"预设样式"的选择，并将字体颜色设置为白色，如图10-73所示。

图10-73

08 参照步骤06和步骤07的操作方式，为余下的视频素材添加相应字幕，如图10-74所示。

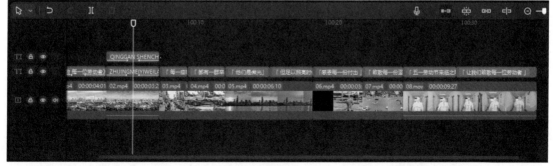

图10-74

09 单击"音频"按钮，使用"音频提取功能"导入音乐素材，将其添加至时间轴，并对音频素材进行适当的剪辑，使其长度和视频的长度保持一致，如图10-75所示。

图10-75

10 执行操作后，播放预览视频，效果如图10-76和图10-77所示。

图10-76

图10-77